导 读

　　本书集聚了国内外优秀的木艺元素应用案例，对安德鲁·马丁国际室内设计大奖获奖作品进行解读，并分版块介绍了民宿、酒店、住宅、公共空间、餐厅、咖啡馆、装置艺术等空间中木艺元素的运用。从木头的展现形式、色彩和肌理的选择、与其他材料质感的搭配等方面入手，为大家详解最原始的材料——木头的完美应用。

　　"色彩教程"是对空间色彩的解读，10个原木色空间的软装经典搭配让人大饱眼福；"编辑推荐"部分为大家推荐了4款设计感十足的厨房木质产品、4本木艺元素灵活应用的实用书以及1个产品丰富、口碑良好的网店。本书旨在全方位展现木艺元素在设计中的重要地位。

木艺的软装

——原木生活的艺术重启

国际纺织品流行趋势
软装 mook 杂志社　编著

江苏凤凰文艺出版社
JIANGSU PHOENIX LITERATURE AND
ART PUBLISHING, LTD

图书在版编目（CIP）数据

木艺的软装 ：原木生活的艺术重启 ／ 国际纺织品流
行趋势·软装 mook 杂志社编著 ． -- 南京 ：江苏凤凰文
艺出版社 ，2018.1
ISBN 978-7-5594-0979-9

Ⅰ．①木… Ⅱ．①国… Ⅲ．①室内装饰设计－图集
Ⅳ．①TU238.2-64

中国版本图书馆 CIP 数据核字 (2018) 第 000331 号

书　　　名	木艺的软装 —— 原木生活的艺术重启
编　　　著	国际纺织品流行趋势·软装mook 杂志社
责 任 编 辑	聂　斌
特 约 编 辑	高 红　刘奕然
项 目 策 划	凤凰空间/郑亚男
封 面 设 计	米良子　郑亚男
内 文 设 计	米良子　高 红
出 版 发 行	江苏凤凰文艺出版社
出 版 社 地 址	南京市中央路165号，邮编：210009
出 版 社 网 址	http://www.jswenyi.com
印　　　刷	上海利丰雅高印刷有限公司
开　　　本	889 毫米×1 194 毫米 1/16
印　　　张	16
字　　　数	128千字
版　　　次	2018年1月第1版　2023年3月第2次印刷
标 准 书 号	ISBN 978-7-5594-0979-9
定　　　价	258.00元

（江苏凤凰文艺版图书凡印刷、装订错误可随时向承印厂调换）

目 录

趋势

1

木艺软装流行趋势
TREND

>>> 1.1

两束书带你领略
木头的真实"奥秘"

——《室内设计奥斯卡奖：第19届安德鲁·马丁国际室内设计大奖获奖作品》解读
——《室内设计奥斯卡奖：第20届安德鲁·马丁国际室内设计大奖获奖作品》解读

　　安德鲁·马丁奖是室内设计界的风向标。这个国际奖项收录了国际上众多名家的设计案例，在艺术性、生活性上不仅具有很高的水平，也极具权威性。

　　安德鲁·马丁奖被《时代周刊》《星期日泰晤士报》等主流媒体推举为室内设计行业的"奥斯卡"。安德鲁·马丁国际室内设计大奖由英国著名家居品牌安德鲁·马丁的创始人马丁·沃勒设立，迄今已成功举办20届。作为国际上专门针对室内设计和陈设艺术的大赛，每年都会邀请英国皇室成员国际顶级级设计大师、社会各行业精英等，多领域权威人士担任评审，从而保证了获奖作品的社会代表性、公正性、权威性和影响力。

　　安德鲁·马丁奖的案例每年都会以图书、画册的形式对外发布，但有部分读者反映，案例很好，图片很好，但是具体为什么好，看不懂，所以我们将定期拆解安德鲁·马丁奖的获奖案例，对其中一个方面进行解读。

　　今天，我们解读第 19 届和第 20 届安德鲁·马丁国际室内设计大奖获奖作品中的木艺运用，给大家一些启发。

LE TEMPS EST INEXISTANT

1936

大巧若拙
——"返璞归真"的拙木新风尚

拙木离现代精致的时尚生活并不远，它是营造现代优雅的空间新宠。

本页图在两图书中的位置：
第 20 届 - 第 251 页

本页图在两图书中的位置：
第 19 届 – 第 415 页

本页图在两图书中的位置：
第 19 届 – 第 74 页

复古木艺与民族风情的融合

室内空间仿佛经过了岁月的冲刷，作为点缀装饰的民族元素为整个空间增添了一份神秘感。

木艺的软装 —— 原木生活的艺术重启

本页图在两图书中的位置：

第 19 届 - 第 446 页

本页图在两图书中的位置：
第 19 届－第 12 页

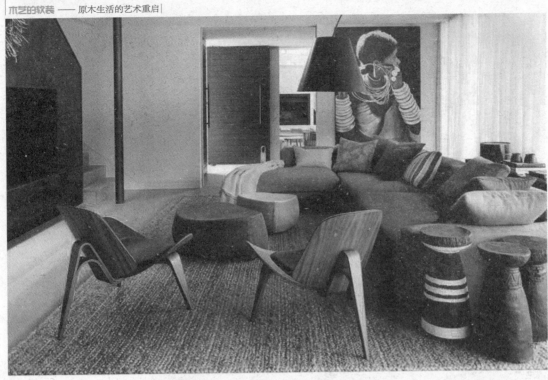

本页图在两图书中的位置：
第 20 届 − 第 161 页

本页图在两图书中的位置：
第 20 届 − 第 227 页

木板拼贴的"韵律"
可以让空间很现代

木艺元素是这一建筑的灵魂，搭配现代主义的装饰风格，在保证原生态的同时，也不失设计感。满屋的木色，满屋的木香，视觉与嗅觉的双重享受。

本页图在两图书中的位置：
第 19 届 — 第 217 页

本页图在两图书中的位置：
第 20 届 - 第 122 页

本页图在两图书中的位置：
第 20 届 - 第 460 页

当自然材质遇到现代创意

自然材质运用得当，也可以很前卫，加上木材温润的质感，它和金属、玻璃、混凝土等现代材料都可以碰撞出意想不到的新锐效果。

本页图在两图书中的位置：
第 20 届－第 109 页

赋予木艺以灵魂
——渗入环境的禅意

很多民族都相信"木材有生命，会呼吸，通灵性"。通过木材传递生命的哲学，亦会收到意想不到的效果。

本页图在两图书中的位置：
第 19 届 – 第 308 页

古董艺术品的小集市

对于木头的小物件儿来说，旧的往往更好。那些有故事、有情趣的老件儿，仅仅收集来展示在那里，就会产生意想不到的装饰效果。

本页图在两图书中的位置：
第 20 届 —— 第 352 页

本页图在两图书中的位置：
第 19 届 —— 第 460 页

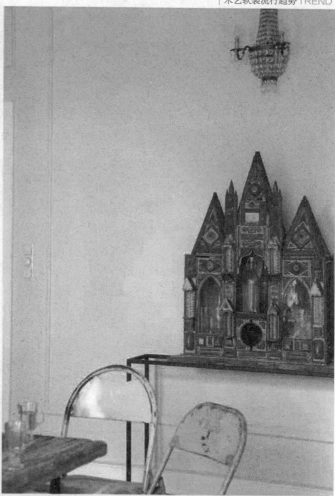
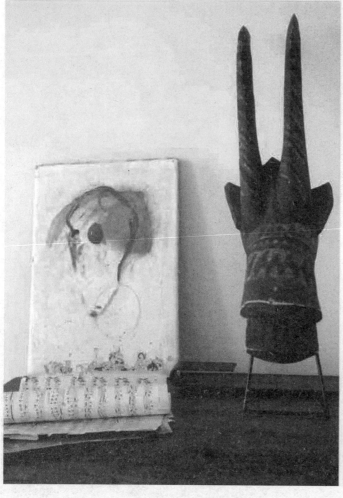

本页图在两图书中的位置：
第 19 届 - 第 63 页

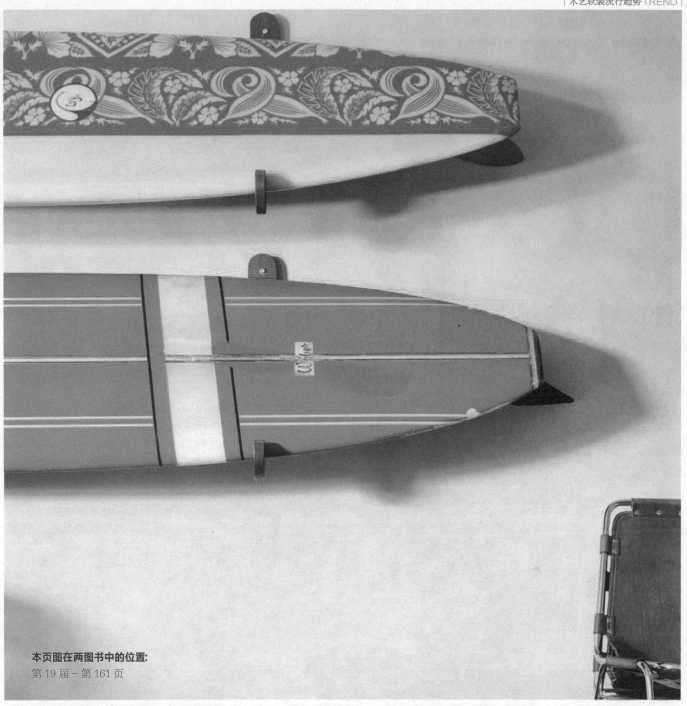

本页图在两图书中的位置：
第 19 届－第 161 页

本页图在两图书中的位置:
第 20 届－第 300 页

本页图在两图书中的位置:
第 19 届－第 313 页

木艺之民宿 / 酒店篇

　　酒店（HOTEL）一词来源于西方，最初指贵族在乡间招待贵宾的别墅。随着社会的发展，酒店的功能越来越多样化。民宿的兴起，某种意义上是对酒店最原本功能的回归。但不管是民宿还是酒店，木质材料都是受欢迎的"角色"。本章节将从2个民宿和3个酒店的整体布局和内部装饰入手，详细解读设计师对木这种亲民材料的的理解和软装运用。

 坐标：中国，云南，大理

慢屋·揽清

建筑师：元象建筑
合作单位：重庆合信建筑设计院有限公司
设计团队：苏云锋 陈俊 宗德新 李峒 邓陈 李超 李元初 陈功
摄影：存在建筑
文/编辑：高红 吴雪梦

　　慢屋·揽清位于大理洱海环海西路葭蓬村。葭蓬村是环洱海最小的自然村，村庄周围环绕着独有的自然景观——海西湿地。它杨柳垂荫，芦苇飞絮，水鸟游弋，天蓝海清。整个村庄宁静秀美，五六间小客栈沿湿地岸线散布，慢屋就是其中之一。这是一个基于原有农宅的改扩建项目。

　　用深度对抗速度，用感受对抗遗忘。慢屋·揽清揽尽环海西路上最美的一段自然风光，流淌着传统民居的精髓。处处彰显设计之美；它是酒店，更是生活：生活中的诗意和远方都集中在这个院落，仿佛在这大美之中，心胸也随之开阔。设计师在做设计时关注现代建造与传统的关系，在框架系统下用石头墙砌筑界面，石砌墙面是当地工匠的一种较为成熟的做法，他们希望用质朴材料营造客房空间的独特体验。设计兼顾生态策略与绿色环保，使用太阳能热水系统，充分利用当地气候优势。设置10吨级的中水处理系统，自净回用作为景观用水，以负责的态度表达对自然环境的热爱。客栈主入口处设置了中水系统的展示窗口，向客人传递环保的设计理念。每间客房都拥有独特的景观，充分考虑了客房的多样性。

　　慢屋·揽清直面市场，以使用者的体验为出发点，为顾客提供一个放松身心的休憩之所。

右页上图：疏密有致的木架构排列兼顾了日常私密性与空间通透性，原木色与白墙的设计贴切自然，轻松温馨。大面积玻璃窗及直线型木棱的使用让光影落于室内，明净透彻，无形中涤荡了身心

右页下图：不规则的木质隔断活跃空间氛围的同时，增加墙面立体感。大厅接待处的储柜与长桌木椅、坐凳均保持了木头的原始纹理，为空间增添了几分洒脱和质朴。白墙和仿石灰地砖的应用增添了民族色彩，又使空间多了些许艺术性

外部结构上控制尺度，将建筑体量化整为零，加建部分形成多个坡屋顶与周围农宅尺度相呼应。将当地石头所砌筑的围墙作为边界存在，让客栈与周围环境既有所区别，又有所联系

视野所及之处皆是景，独特的自然景观及建筑视觉造就了多样性的居住体验。落地式玻璃窗及外延的露台设计，将自然景色"安置"在眼界内，使室内外浑然一体

南方特有的白色墙面与暖色木质材料搭配，韵味温柔动人，是现代与传统文化的碰撞

"一溪绿水皆春雨，两岸清山半夕阳"。红霞夕阳总是安静柔和的，身至慢屋，观这一片海、一座山，身未动心已远，静享生活

傍晚璨金的阳光透过百年的古茶树，折射出醉人的温柔。古树上摘下来的树叶就可以在火塘烤制品茗，悠闲自得。院子里的石榴、梅子、李子树的果实可以用来泡制酒，后院的菜地可以直接端上餐桌，简单而质朴

左页上图：将南方亚热带地区少数民族家中的生活习惯——火塘，加以传承发扬，创新设计后的火塘既体现
当地的民族特色，又装饰了空间，是住客品茶闲聊的好去处

左页下图：在设计书屋时保留了旧建筑的原始结构，采用了半下沉式的空间设计，将其与洱海水景、自然风
光自然连接起来。室外、屋内视觉感皆与自然融为一体，在使用体验上更加突出实用、美观及舒适的特点

右页上图： 家具陈设使用当地拆除的老木房梁改制，将浴室设计在屋外，享受阳光，惬意十足

右页下图： 书屋空间承接混凝土结构，被设计为下沉式的开放空间，明亮宽敞的空间包容大度，满足阅读与休闲放松的使用需求，家具散发出的淡淡木香味，仿佛将历史待到了你的面前

坐标：中国，云南，大理

椿吉大理古城精品酒店

设计公司：共向设计
开发商：椿吉酒店管理公司
主创设计师：姜晓林 王东磊 闵耀 曲云龙
软装设计：共向美学
摄影师：井旭峰
文 / 编辑：高红 代胜棋

"椿吉"二字源于陶渊明的《归去来兮辞》："农人告余以春及，将有事于西畴。"自由自在、没有烦恼的田园生活，正是"椿吉"成立的初衷。打造一座客栈，与往来的客人谈天说地，把酒言欢。

古老朴素的白族大院，却内有天地。三坊一照壁，照壁上的现代装饰随着天气、光线的明暗变化会呈现出不同的景象。现代元素的装饰造型与古老的白族院落相得益彰。

庭外的青竹、足下的青砖、院内的照壁、天井的泓池以及水池在设计之初一直遵循着"静、净、镜"的理念。一"静"是为所有入住的客人营造一个安静的环境；二"净"，是水池带给人的干净透彻的感觉；三"镜"，则是将一切美好的事物都倒映在水池之中。

尊重人在空间中的行为和情感，这也是空间设计的核心。素洁的房间，古朴的茶室，椿吉无处不在展现着独立于喧嚣浮华之外的另一种美。在这里，偶尔坐在院中望着苍山发发呆，于慵懒午后泡一杯清茶，不经意间您会发现，生活原来如此的惬意。

在空间美学上，椿吉通过对文化艺术的思考，保证空间的独特气质和唯一性。它用文化来解决空间情境，尊重当地的建造者，对建筑只做梳理和修整，没有去做设计，用建筑化、当代化的手法来解读传统。

酒店外立面

室内质朴的中式设计与环境相融合，将酒店的服务理念展现出来

左页图： 在空间美学上，对文化艺术的思考，保证空间的独特气质和唯一性

右页上图： 民族与木结构的亲吻交融，让这里变成呼吸自然、体味文化的精神居所

右页下图： 床的背景墙是淡雅清新的白色，使整个房间通透与明亮。地上铺设软木地板，具有吸音、隔音功能，还能自动调节室内的温度、湿度，减少风湿疾病的发生。纹理自然，气味芬芳，使人仿佛置身于森林之中，充分感受大自然的气息

何晓平

李星霖

C.DD | 尺道设计事务所

李星霖先生和何晓平女士于 2009 年共同创立了尺道设计 (C.DD)，始终坚持"设计不单只是一种生产服务，更是一种思维方式与生活态度"的价值理念。

 坐标：中国，广东

生活原素
——鹤鸣洲温泉度假村

总设计师：何晓平 李星霖
设计公司：C.DD| 尺道设计事务所
项目团队：蔡铁磊 梁一辉 余国能 陈韵嫦 何柳微 曾湘茹
摄影：欧阳云
文 / 编辑：高红 吴雪梦

鹤鸣洲樱花温泉度假村远离城市喧嚣，给人生态疗养、修身养性的理想度假体验。

度假村分一楼和楼下两层使用，增加土地空间利用率的同时又极具私密性，将房子与人起居行为的匹配更加人性化，既满足了相对独立，又达到了相互照应的目的。

空间摒弃繁琐，以白色、原木色为主调，配合玻璃和开放布局，打破空间界限，增加视觉面积。

细看空间与物，能感受到在简洁中追求极致体验的设计，也能感受到朴素的美感。

生活随心，何不在此放下所有，静享一方宁静。

橡木质地坚硬，颜色饱满自然，纹理清晰，制成的家具结实耐用。配合灰色地砖、青翠竹子，将入户花园打造得十分悠闲、安谧

透明的玻璃隔断给人开阔明朗的感觉，搭配白色的床品，令人心旷神怡

简洁、朴素、温和是客厅的整体感官。白色、原木色为主的设计，使得整体空间结构更为立体、清新、自然，搭配黑色圆桌椅增加了现代、时尚的色彩感

楼梯处摒弃繁琐，以简约和开放为主，突破界限

左页上图： 主卧运用精简的材料以及简约的设计手法，将室外景观引进室内，各空间有景观环绕的同时，又保证了空间的私密性

左页下图： 木制衣架使用增加了空间的竖向层次和历史韵味

右页图： 隐性光源很适合用于卧室，光线柔和且不造作可以为居住者带来更为温馨的体验。半透明的玻璃隔断将卧室和SPA间分离开来，两个空间彼此借用，互相融合补充的同时，增加房间的采光度

坐标：南非，德兰士瓦省，克鲁格国家公园

Sweni Lodge
——回归自然的酒店

设计公司：Singita Style
文/编辑：高红 刘奕然

"Singita Lodge"这所引人注目的小屋是在非洲语境下遵从自然的尖端设计，是一家位于克鲁格国家公园的高级住宿小屋，总占地面积约 133 平方千米，是南非的七星级酒店。

克鲁格国家公园是南非最大的国家公园，栖息着多种野生及珍稀动物，极具非洲大陆的原始感，也因为这个特性才让酒店的整个建筑都和自然融为一体。它拥有 13 套 loft 风格的套房和一栋私人别墅，以大胆、现代、开放的套型悬浮在"N'wanetsi"河之上，给了客人们观赏克鲁格国家公园的绝佳视野。

酒店的私人别墅里一应俱全，用大胆现代且雕塑感十足的结构营造另外一种难以驾驭的"Singita"私人租赁地的领域。

清晨时分，地面散落轻微的光，感觉像"Singita Lodge"小屋与大地轻轻触摸。这些漂浮在河流与天空之间轻型填充结构的设计，灵感来源于对面河岸边悬崖上鹰的巢穴，精致且现代。整个小屋用玻璃、木材、钢材和不同色调下的分层织物装饰，自由浪漫。玻璃幕墙套房是浪漫的隐蔽处，引导户外景色到高架景观甲板上，客人可以在外面休息，陪伴他们的只有漫天的星辰。

环境周围独特的岩石结构是许多野生动物的家，这些都将带给你前所未有的自由感，并激发起你探索世界的好奇心。

小屋整体的设计风格遵循了自然复古的风格情调，材质不同的室内装饰对环境起到了烘托作用，使空间协调统一

整个"Singita Lodge"小屋都是建立在自然的大环境内，室内做旧工艺的木桌和各具特色的古董装饰与整体空间相得益彰

南非风情也是整个空间中必不可少的元素，木雕工艺品和曼陀罗花样的编织物处处透露出浓重的民族风情，明艳大胆的颜色更让人错不开眼

呈现在人们眼前的首饰均未经过精细的制作和打磨，磨砂面的夸张银饰和复古金加艳丽珠宝的组合，当真让人眼前一亮

这里使人联想到非洲农舍，它用轻松、引发着怀旧姿态的内部装饰充分捕捉到原始营地的精神和历史。很多原来的古董和原始家具已被回收或改造，方格花纹，布料条纹和褪色的织物印花面料、补充皮革、木材和柳条家具，给酒店营造了一种质朴、别致、朴素的氛围

漫步在"Singita Lodge"河岸，这个隐秘的小屋就像是举世的珍宝，提供了一个展示新非洲当代设计、建筑、食品的语境

强烈的现代设计引发了创意新模式，灵感来自于当地传统元素，像非洲日常物件，如篮子、珍珠和瓦罐，均为非洲的设计师和工匠工作使用

酒店的设计结合私人狩猎最佳元素，除了丰富的高端设施，还包括广阔的花园、泳池、酒窖、健身房、网球场和水疗室

精致的食盘也是软装设计中不可或缺的一部分

享受生活是这里的主题，绿色、新鲜、自然更是酒店想要向人们传达的重点；从环境到食物，都清晰地向客人传达了"有机生活"的理念

整个空间雕塑感十足，为顾客提供一处优雅、平静的冥想空间

酒店建立在河岸边葱郁的树下，私人别墅配备齐全，有着开放式厨房和自己的"boma"，独具特色的设计吸引大量的游客的到来

有着"家"味道的食物，让人垂涎欲滴

坐标：中国，深圳

深圳中洲万豪酒店

设计公司：CCD 香港郑中设计事务所
文 / 编辑：高红 代胜稳

深圳中洲万豪酒店地处深圳市南山区。南山区因"南山"而得名，历史上的南山是靠山面海的渔米之乡，孕育了悠久的渔村文化。这也是酒店的设计灵感源泉。酒店装饰中所使用的地毯、麻质布艺面料、屏风、壁炉等墙面纹饰都体现了当地"经纬编织"、"网"、"山"和"荔枝花"意象。用材方面尽量采用石材、木材、皮革、麻质面料等天然材质以及质朴的色调，在繁华与宁静之间寻求独特的亲切与舒适，配合诸多彰显质量的细节处理及灯光氛围，力求营造温馨雅致的空间氛围，给客人一份属于自己的低调内敛，奢华而不是表面的"金碧辉煌"。

深圳中洲万豪酒店地处南山商务核心区，高达 300.8 米。酒店拥有 340 间客房（338 间房 +1 个总统套房 +1 个副总统套房），坐拥无敌海景和璀璨城市景致。南山尚膳全日制餐厅、万豪中餐厅、鲜 - 日本餐厅、大堂酒廊、咖啡廊和行政酒廊等高端餐厅提供丰富膳食选择。在 62 层设有可俯瞰美景的无边际泳池及 SPA 康体馆。酒店还拥有面积达 2 000 平方米的宴会及会议区域。

设计师适当运用度假酒店的手法去设计城市商务酒店，充分解读了"游憩商务"的理念。客房设计力求为客人营造一种能够静心潜读且类似置身于"私享书房"的空间体验。既有家的温馨放松又有工作的严谨，充满典雅、明净、柔和的生活气息，让客人在卸下商旅活动的疲惫的同时，找到生活与事业的新灵感。

首层接待大堂干净简洁，深色石材和浅木色给人营造一种身临庭院的感觉，从而将自然和韵融入现代风潮中。木制线条勾勒出自然光影变幻，钨丝灯具是专程从中国香港采购而来，原木的质朴与金属线条的细致对撞出现代美学趣味。钨丝灯下面的绿植是著名园艺大师定制的九里香（也叫七里香），造型是四条龙形状，姿态苍劲，颇具观赏性。灯饰以及绿植苔藓的运用，流露出东方雅致与现代融合的缩影，悠闲生活成为设计和氛围缔造的关键

一楼咖啡厅的设计充分利用了空间和客流，既服务酒店客人，又给写字楼办公人士提供便利，一举两得。厅中的绿植、书及摆件均由设计师亲自挑选、摆放

左页图：一楼咖啡厅苔藓屏风，金属网屏风寓意深圳南山由渔村发展起来，后期加入的真苔藓将景色引入到室内，与其他绿植相呼应

右页图：咖啡厅的吧台上方由数个钢管交织而成，搭配吧台后面的褐色铁艺置物架，一切显得井然有序。吧台选择颜色较浅的实木，配上大理石柜体，软硬相宜，冷暖相依

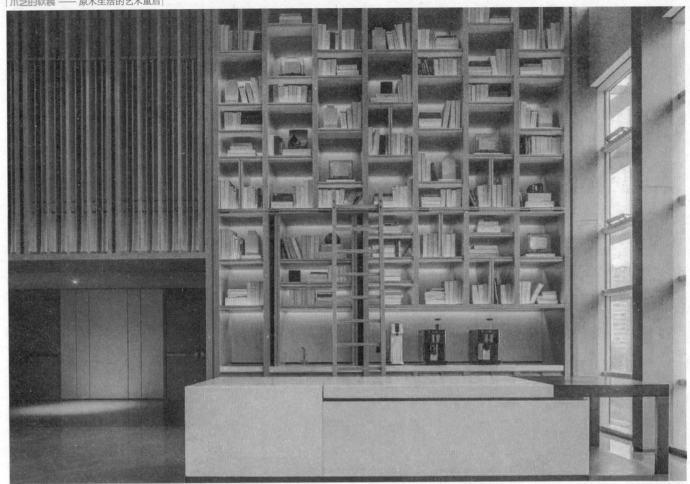

左页上图：在宴会厅的一角设计成一排通天书架，畅游知识的海洋

左页下图：楼梯的材质选择实木和铁艺相结合，设计简约具有通透性

右页图：三楼宴会厅的天花吊灯由玻璃和不锈钢组成，加上灯光犹如波光粼粼的水面，又如捕鱼收网时鱼群在水面欢腾的景象。宴会前厅的地毯上有南山的抽象山行，整个酒店的地毯均是手工毯

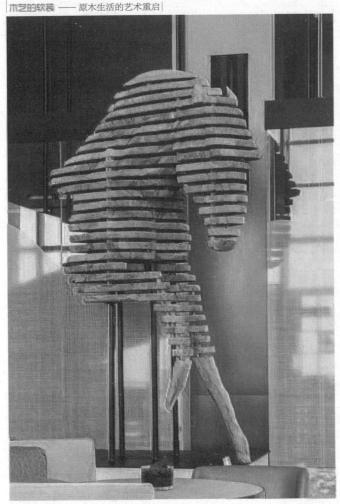

左页上左图：马是吉祥的象征，"奔马"艺术品刀法奔放粗犷，尤见气势，一斧一錾痕迹间表现出一种精神抖擞、豪气勃发的力量感，让整个艺术品呈现素描写意的感觉，更具奔腾驰骋的动感

左页上右图：旋转楼梯的承重处理巧妙，制作工艺精良，材质为真皮扶手，外部施于乳胶漆，质感细腻，非透明楼梯也可有效地保护隐私

左页下右图：接待台对面的迎客松为处理过的干木，旁边的休息座亦是简约质朴风格，自然的原木紧紧呼应室内的景致，大堂的绿植均由设计师亲自挑选、修剪、摆放

右页图：餐厅的摆件也是设计的亮点，灯泡配上铜色的灯坠，一株生机盎然的植物伫立一旁，透明的玻璃罩又将整体的厚重感变得轻盈，颜色统一又不失变化

跨页图： 餐厅是以广东时尚生活方式为特点的餐饮。深色吊架支撑的空间有各种餐具和日用品陈设，浅色的皮布座椅，清新浅色的地板，配合斜形的金属网天花，犹如后海前延的风浪激情，坐在餐位上可将南山的美景尽收眼底

右页图： 尚膳全日制餐厅，餐厅吊架的黑板上有美食的组合建议，均为设计师带员工亲自绘制，手绘的趣味和食物的温度可以很自然地传递给客人

右页左图：日餐厅的就餐区规整却不失俏皮，背景墙由玻璃组成，玻璃柜体外加各种颜色的玻璃瓶，灯光从后方打出来，一切显得极为通透

右页右图：日餐主要以新鲜为主，所以厨师的烹饪台是以冷色为主

左页图：餐厅运用天然材料，几个入口处有泥巴稻草墙，地面为麻石、火山岩石块堆积而成的南山造型。大柱子由山里挑选的原石整块切割而来，两侧做打磨处理

左页上图： 中餐厅以荷塘为题，用清晰自然的小家别院的风情来营造客人用餐时的闲情逸致。入口接待处的白色荷花背景，草丛摇摆的玻璃屏风衬托，地面的水纹地毯以及淡绿色的墙面，营造出荷塘的自然环境。家私的橡木自然纹理可以增进客人与自然的亲切感

左页下图： 中餐区以圆桌为主，就餐的同时还可以俯瞰城市全景，使人心情愉悦

右页图： 中式风格的装饰绝对不能少陶瓷和木艺，做旧的木质置物台搭配荷花样式的装饰品，到处都透着中式之美

泳池的设计独特优美，特别是悬挂在上空的巨大挂灯，材质屏蔽了生硬的金属，采用了竹子和藤蔓编制的组合，远远望去像是一个个巨型的花朵，绽放在水间

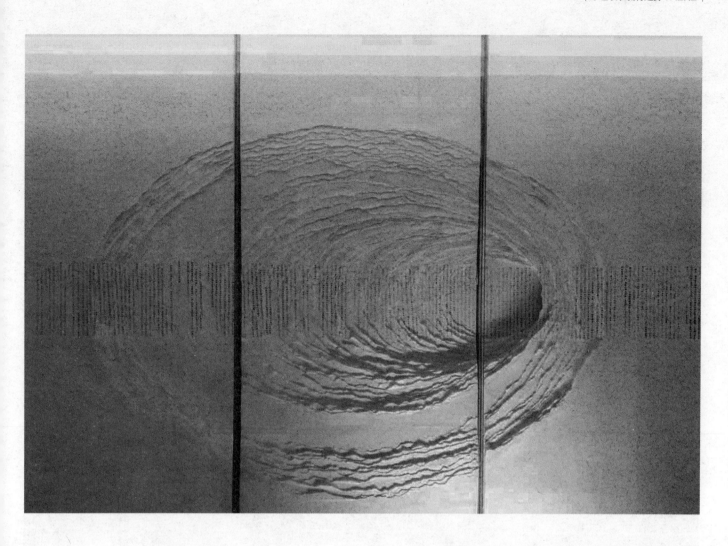

右页图： 巨幅的艺术品占据了整个观光电梯出口的墙面，再生纸艺营造的立体效果引人入境，一边表达的是中式园林中的"虽由人作，宛自天开"，另一边表达的是日式园林中的极富诗意和哲学意境，以白纸为"沙"，手撕边缘为水，咫尺之地幻化出千倾万壑，创造出一种简朴、清宁的致美境界，创造出能使人入静入定、超凡脱俗的心灵感受，在感受魅力纸文化的同时，纸面上手工印刷的日本料理起源文字静静的向每一位尊贵客人介绍日本美食文化

左页图： 电梯间是被容易忽略的场所，设计师则将其利用起来，摆设的都是艺术品，比如一款巨大的水滴形木质装饰，水滴的外形，完整的木切片而成，以雕塑的手法展现自然的元素

艺术品"帆"系列
选用木性坚劲的原木,手工一戳一凿,层叠有序,造型半月状,寓意扬帆出海的渔船,表面波浪起伏,戳凿的线条平缓相间,如层层波浪推动前进,乘势扬帆而上铸就辉煌

卯榫结构是中国木质古建筑常用的结构，艺术品充分利用传统木卯榫结构工艺，筑成一个井字格 300cm 球体，一方面体现出中国古老的文化和智慧，另一方面以现代建筑空间构建传统文化形成一个视觉中心

艺术品"南山"系列一
采用钢丝线高低悬挂不同规格的亚克力,造型组合成山脉状,展现南山的另一种意境,该组艺术品与三层电梯位置的艺术品南山"一"相呼应

艺术品 "南山" 系列二
艺术品采用铂晶为材料，以山为外形，内部层层叠叠，远观如山峰，近观如山涧溪流，天然材料自然嵌入，恰如水涧中的飘零叶

选用上好的木材，截断成大小不一的木块，将其以疏密有度的方式固定在墙上，意为圆满之意

艺术品"涟漪"

选用木性坚劲的原木，手工一戳一凿，层叠有序，半圆状造型，表面波浪起伏，戳凿的线条平缓相间，如层层波浪推动前进造型

木艺之世界住宅篇

　　本章节从世界各地的家庭中，精选了 6 个来自不同国家的"木屋"住宅，这 6 个国家分别是葡萄、斯洛文尼亚、瑞典、荷兰、挪威和巴西。除了建筑材料和立面木材料，这些房子里的家具和软装饰品也有很多木材料，甚至可以全称得上木屋。这些房子虽然都是木住宅，但是木头使用的手法和最终的氛围全然不同，各有千秋却各得其所，精彩至极。

坐标：葡萄牙，瓦尔津

葡萄牙瓦尔津公寓
——木之家

设计公司：Pitágoras
设计师：Pitágoras Group
摄影师：Jose Campos
文 / 编辑：高红 李响

这间约 95 平方米的公寓位于海边的一座公寓内，提供夏天使用的季节性的度假小公寓。

建筑师对室内空间进行了调整，划分出一个开敞的起居室，一个开放式厨房，两间套房，一个放有上下双层床的卧室，一个公用的卫生间以及一个储藏室。落地门窗保证了室内空间与大海的视觉联系。大量橡木的运用为公寓营造了温馨的空间氛围。

整体空间的功能划分非常合理，动静流线互不干扰。将餐厅作为开放式厨房与起居室的过渡区域，不仅能够满足居住者的用餐需求，在人多的时候亦可以将此空间纳入厨房空间，作为客厅与厨房中的沟通桥梁，无形中减少了各个空间中沟通的不便，增加互动。两间套房布置在房间的一边走廊的尽头，远离主要活动区域，保障了居住空间的私密性。考虑了度假居住的人群特征，在套房的外侧增加了上下铺的居住空间，以满足多人居的需求，并配备公共卫生间，使套房和卧室的人们能够各自拥有自己的独立空间，互不干扰。

整个公寓，无论是硬装色彩还是软装搭配，既协调统一又略有突出，经过纱帘过滤的阳光和顶光柔和的散射光，消除了室内黑暗感和密闭感，为度假的气氛蒙上了一层轻纱。

减去了过多的线条及装饰，简洁的线条及清爽的布置，配上徐徐吹进房间的海风，赋予了整个公寓一种简约的生活气质。

从落地窗的角度看向室内，动线流畅，开放式厨房与走廊之间的隔墙，由于采用了与周围环境统一的材质，完美地融于环境之中，分隔了功能却没有分割空间

左页图：木质墙面上，方形的黑色开关、插座、灯源，与整体几何线条的设计不但不突兀，更有一种和谐的现代感。白色软帘后面，隐藏着一个上下床铺的小空间，帘子一拉，就多出了一个功能性的私密空间

右页图：竖向格栅打破了厨房与起居空间的生硬隔墙，椭圆形的透视更增添了一丝生动，又没有打断简洁线条的连续感

起居室的灯源并没有如传统一般设置在天花中央，而是在电视背景墙的隔板上。状似不经意地布置了几条灯带，恬软的黄色灯带倾泻而下，让人感受到一丝温润。条纹织物与白色几何线条的硬质结合作为茶几，脚下依旧是白色的软糯织物地毯，配上同样条纹风格的沙发，点缀蓝色的靠垫，阳光和海风透过轻质的窗帘，度假的感觉拂面而来

右页上图： 作为整个起居空间最显眼的一抹颜色，深蓝色的沙发沉稳又不失灵气，抢眼又不高调。同样风格的落地灯，作为起居室的另一光源，散开在天花板墙面上的光晕，更添一丝柔和的气息
右页下图： 走廊上的射灯投射在墙面上，光影的变换让这面墙好似有水波在流动，契合了公寓外的环境

坐标：瑞典，海里耶达伦市

瑞典白色小花
——原木之美

建筑师：pS Arkitektur

负责建筑师：彼得·萨林

处理建筑师：Leif Johannsen (nr 9) Mikael Hassel (nr 9och 10)

副建筑师：Christian Hörgren Viktor Ahnfelt Mette Larsson Wedborn

摄影：Patric Johansson pS Arkitektur

文 / 编辑：高红 吴雪梦

海里耶达伦市是瑞典中部耶姆特兰省的一个自治市，这里的山区生长着一种罕见的白色小兰花，这座别墅就位于这个地方。整洁大方的设计，木质家具的搭配，让整个别墅都如同小兰花一样纯净、美好。

山上的小屋设计了两种尺寸：小思卡文和大思卡文。它们的设计源自当地的气候和设计传统，山间小屋从外面看像谷仓型建筑。办公设计使用原木坡顶建筑构件，斜坡也创造了令人兴奋的内部空间。家具使用人造板材，再以五金件连接，设计以简洁为主，给人温暖的色彩感，与白色的雪形成鲜明对比。浴室的墙壁和地板都是防水的，采用当地的息热性能好的木材。建筑材料的选用非常考究，以符合低能耗的设计主题，空间使用大量的原木，这种木材最大限度地保留了木材的原始色彩和质感，有独特的装饰效果。

在室内软装上色彩表现了蓬勃的生命力，由于瑞典地处北极圈附近，气候寒冷，有些地方还会出现长达半年之久的"极夜"，因此在家居色彩的选择上，将黑白色作为主色调，配以少量些鲜艳的纯色点缀，与木色相搭配，创造出舒适的居住氛围。

黑色的外墙为别墅增添了几分神秘感。以纯白色为基调的室内设计让人倍感舒适亲切，这种"外刚内柔"的巨大反差使该别墅独具风格。设计从墙体、橱柜、餐桌到储物柜、衣柜、门窗框，都采用纯净的白色，使室内干净明亮；各式各样的摆设在白色的背景中显得更加突出，为朴素的空间增添了生气。厨房和卧室内嵌式的橱柜和衣柜在节省空间的同时让室内更简洁干净。

设计将木材与生俱来的个性纹理、温润色泽及细腻质感保留，用最直接的
线条进行勾勒，展现瑞典独有的淡雅、朴实、纯粹的原始韵味与美感。直
线与柔和曲线的结合，勾勒出家具外观的简洁线条，轻盈舒适

左页上图： 座椅从人体生理方面考量与设计，强调家具与人体接触曲线的准确吻合，达到人机关系的平衡，使用起来更加舒服

左页下图： 黑门与木质墙体的碰撞别有一番温婉帅气

设计崇尚原木韵味，外加现代、实用、精美的艺术设计风格，反映出现代都市人进入新时代的旋律。布艺配饰采用深咖深灰的色调，和谐的色调搭配给人安全感和舒适感

从另一侧观看这通透的入口，看到的是无边的天际与山脉，更添烟云浩渺的感觉。由于左右地形的高差问题，这一侧入口需拾级而上

坐标：斯洛文尼亚，洛加泰茨

斯洛文尼亚林间小屋
——"烟囱"住宅

设计公司：dekleva gregorič 建筑事务所
项目团队：Aljoša Dekleva u.d.i.a.M.Arch. (AA Dist) 、Tina Gregorič u.d.i.a.
M.Arch. (AA Dist) 、Vid Zabel stud.arch. Primož Boršič m.i.a
摄影师：Flavio Coddou
文 / 编辑：高红 杨念齐

阿尔卑斯山脉旁的小镇，宁静又安逸，仿佛浪漫的欧洲童话城堡。

房子的设计主要是基于当地建筑的规则，它尊重传统建筑情境的形态，体积和材料，即山墙屋顶式的房子以及木制材料。同时，烟囱住宅还体现了以使用者的需求为本的住宅改造方式。厨房里有一个多功能的柴灶，火炉的中央位置的烟囱决定了房子中央对齐的空间布局概念。屋顶的屋脊被推开，形成一个连续的天窗，其线性体积为空间提供顶部光。项目位于村庄的边界上，与旁边的深色木谷仓关系密切，同时以自身独特的体量特征从周围的本地建筑中脱颖而出，并与附近的 16 世纪教堂相联系，形成有趣的对话。建筑的外立面延续当地谷仓的传统，采用上油的松木板制成。屋顶特意选择了木制面板，延续了立面的材料。抬头凝视，人们的目光从室内的装饰材料向上移到屋脊的天窗时，会看到时刻都在变化的天空。在这里，美丽的景色已经成为了日常生活的一部分。

正如设计师所说："建筑中的建筑部件和技术部件往往是分离的，其技术部分总会被看成是一种平庸的必需品，甚至被当作表达'干净'的建筑理念的障碍。在这个项目中，'技术'则变成了一项挑战，是项目的最为重要的根基之一。历史上，烟囱与火炉是建筑中最早出现的技术元素，为人们带来温暖、光和热乎的食物，因此也成为了家的中心。按以前的观点说，烟囱和火炉慢慢发展成了厨房与餐厅，从而形成了主要的居住空间，在某种程度上可以说，住宅的原型是由烟囱的外轮廓变化而出的。"

也许很多人早已经厌倦了大城市的喧嚣，这样世外桃源般的林间小屋才会给人们一种家的感觉，让人心旷神怡。

室内的整体设计均构采用木顶版，建筑的屋脊被装开，沿房屋的线性体量形成了一道天窗，为所有主要空间提供了充足的顶部采光

小巧的灯泡向下垂落，而操作台的深灰色则与其他地方明显区别开来，人体可以触及的部分均由涂油的橡木铺装，屋顶的结构则为钢筋混凝土，其上留有木制框架的痕迹，增强了室内封闭空间中的纹理连贯性

左页上图： 操作台旁的方形窗户是一块完整的玻璃块，中间没有任何窗棂。由于墙体较厚重，必然会影响进入室内的光线，因此将墙体设计成斜面，不仅增加了进入室内的光线，也增加了室内的设计感

左页下图： 操作台的设计井然有序，洗刷池、灶台、小工具全部挂在上部，需要便可随手取下来，并且不占多余的位置

右页上图： 卧室部分，侧面仅一个小窗户，主要的采光便是通过屋顶的长条天窗，增加了私密性的同时，也不影响室内的采光

右页左下图： 操作台侧面的小走廊，再往上便是通往上一层的楼梯。午后坐于台阶上，望着窗外的美景，喝着咖啡，看着小说，无比惬意而悠闲

右页右下图： 操作台将一个大空间分割成了两个小的走廊，操作台也被两个台阶所包围着，这是操作台另一侧的台阶，拾级而上便是餐厅

坐标：荷兰，阿姆斯特丹

荷兰极简公寓
——BKR Public

设计公司：i29 室内建筑公司
摄影：Ewout Huibers
文 / 编辑：高红 吴雪梦

　　这是位于阿姆斯特丹的一处由租赁公寓改造的阁楼。最初这间公寓有很多房间，日光不足，设计的主要目标是最大限度地利用自然光，创造一种空间体验。阁楼内部采用大橡木墙板，白色抹灰墙壁，深蓝色家具和浅灰色合成地板的简单材料方案设计改造。设计以白色和原色木作为基调，其中适量点缀了米色、黑色、绿色系的家具和配饰。

　　整体风格简洁，空间氛围自然轻松。一体化墙柜以一个大的姿态组织起居室、厨房及用餐区，这些功能已经集成在一些功能中，如存储空间、电视机柜及可以隐藏在两个大型滑动面板后面定制设计的厨房。一个对比的黑色厨房岛与一个大的高桌子放在中间并分隔空间。黑色和深蓝色色调的家具与轻便的空间形成鲜明对比。

　　顶层包括两间卧室和一间浴室，全部为白色，与粗糙的橡木地板相结合。在楼梯上方和浴室内的新屋顶灯，都是用自然光照射房间。内置浴缸和定制设计水槽融合了其余的空间。整体空间设计流畅、简洁，在处理空间方面，强调室内空间宽敞，内外通透，最大限度引入自然光。

墙面、地面、顶棚以及家具陈设，乃至灯具器皿，均以简洁的造型、纯洁的质地、精细的工艺为特征，整个空间设计流畅自如

左页上图： 所有的家具都是白色，包括阁楼的房梁结构。居室内的纯白色调，将这有限的光源充分利用，并与深色家具形成了强烈的对比

左页下左图： 室内空间选用了简单的橡木板、白色抹灰墙、深蓝色的家具以及浅灰色的合成地板

左页下右图： 皮质黑色单人沙发搭配简单的茶几，黑白相间，简约洁净

右页图： 黑白配被誉为永不过时的色彩搭配。纯白与纯黑，配以稳重的深蓝布艺沙发及窗帘，糅合出极其优雅的色调。桌椅线条流畅简洁，给人睿智的观感

左页上图：壁橱综合了储存空间、电视柜和隐藏在两扇滑动木门后方的定制厨房。对照明显的黑色厨房操作台及桌面位于该区域的中央，将空间分隔开
左页下图：一面壁橱将客厅、厨房及餐厅集中在一个宽敞的区域
右页图：对照明显的黑色厨房操作台及桌面位于该区域的中央，将空间分隔开

 坐标：挪威，比斯克鲁德，奥尔

挪威山间V形小屋

——雪之木屋

设计师：Reiulf Ramstad Arkitekter

项目摄影：Reiulf Ramstad Arkitekter

文／编辑：高红 吴雪梦

　　这个小屋位于挪威的一座村庄山上，最为著名的是冬季的越野滑雪道和夏季的远足小径。该木屋体量的两翼呈45°相交，故称其为"V形山间小屋"。

　　小屋充分利用现场的有益地理环境，简洁而克制。建筑将两个部分纳入一个V形结构中，在其倒角交叉处有一片朝南的玻璃墙。

　　主区包括门厅、餐厅、厨房及客厅区，定向平行于地形轮廓。第二个区域包含一间浴室、三间卧室及一个远端的青年旅馆，每个阶梯水平对准落地面。建筑外观，如墙壁和斜屋顶，全部由涂了古色的松芯木覆盖，形成一个均匀的外观肤色，与周围环境完美融合。内部简单而精致：墙壁、天花板和固定家具用裸胶合板完成，组合的壁炉和厨房柜台采用混凝土浇筑。

　　从地面到天花板上的釉面开口为外界提供了充足的日光和透明度，最终在两个分支的联合处的玻璃部分，舒适地座位位置为放松和沉思提供了最佳选择。

　　每个卧室都可以通过沿着狭窄的步道、地形下降的梯子通过滑动门进入，并通过其釉面山墙端墙的青年休息室结束。客舱的温和干预在现场创造了小的微气候带，有利的阳光条件户外活动，方便从室内进出，重新诠释了当地和国家的建筑传统，与周围环境相匹配。

联系室外的大窗户 一翼包含厨房和餐厅，另一翼为一系列缘沿倾斜地势交错排列的私密房间，为室外活动和方便出行，在住宅周围创造了利于光照的小的室外微气候

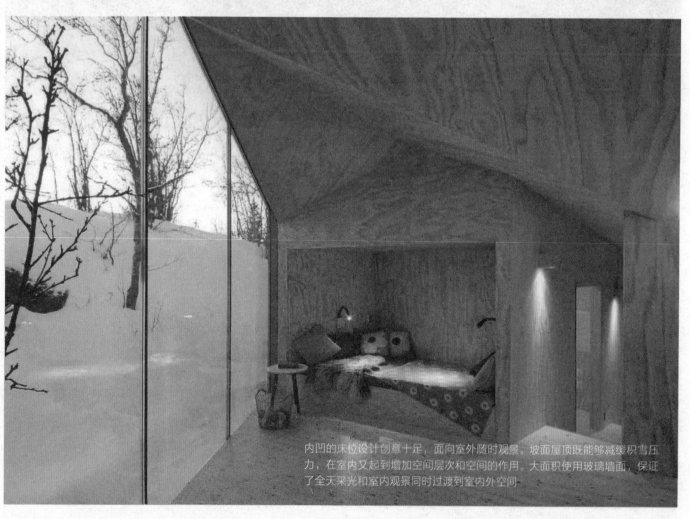

内凹的床位设计创意十足，面向室外随时观景。坡面屋顶既能够减缓积雪压力，在室内又起到增加空间层次和空间的作用。大面积使用玻璃墙面，保证了全天采光和室内观景同时过渡到室内外空间

左页上图： 室内采用纹理方向不同的原木设计桌椅、处理台、地板，视觉上色调统一，细节上各有趣味，雅致又活泼，椅子铺以柔软的灰色毯子，舒适又精致

左页下图： 原木色的运用让居室更有家的气息，木头材质本身就是温润的、自然的，调和了空气带来的冷冷气息

右页上图： 整体摆设、色彩、触感融会贯通，整洁利落。木柴装饰增添了浓厚的生活气息，厨房处处融着设计师的匠心，演绎着舒适生活的真理

右页下图： 双铺设计节约空间，绒毯的床品令整个空间柔和、温暖，窗户形成框景以供欣赏

 坐标: 巴西, 圣保罗

巴西二号平台屋顶式建筑
——木质本色

设计公司: Galeazzo
设计师: Fabio
摄影师: Lufe Gomes
文 / 编辑: 高红 代胜棋

在巴西这个元素融合的城市, 所有额设计都是大胆非传统的, 这个建筑面积在 88 平方米, 其中室内设计将东西方的文化有机融合, 在保证整体色调的同时又增加了更多的颜色。

空间大多数选择颜色多种多样的壁纸, 每种颜色都与其家具相匹配, 如竹制和木质椅子、实木桌子和凳子、米色的沙发与柔软的地毯、包括墙上的挂画都是与空间相协调的。设计师偏爱木质的家具, 这也是对传统材料的钟爱。

西欧风格装饰品贯穿整个空间, 例如历史悠久的法国传统品牌 Saint Luis 的枝形吊灯, 20 世纪 50 年代风格的 SergeMouille 壁灯, 环形书架和摆放在充满异域风情的花岗岩材质壁炉前方的巨大粗亚麻材质沙发。

采用强烈现代感的家具组合，简单、
抽象、明快、现代感强，组合家具
颜色采用黑色和原木色，配上灯光
及现代化的电器，仿佛为主人编织
了一个明快美丽的梦

左页上图： 传承着西方文化底蕴的壁灯搭配局部吊灯，静静泛着影影绰绰的灯光，朦胧而浪漫

左页左下图： 简约的设计风格融合了民族风设计元素，并在温润的蓝紫色衬托下神秘感十足

左页右下图： 蓝色壁纸与木色地板成为对比，特色的金色挂摆更显华丽

右页图： 破旧原木桌、复古衣柜搭配金色龙图案壁纸，高端大气又不庸俗，在斜阳的映射下，将西方生活情调营造得淋漓尽致

木艺之公共空间篇

公共空间不仅仅是个地理概念，更重要的是进入空间的人们，以及展现在空间之上的广泛参与、交流与互动。另外，从哲学、（城市）地理、视觉艺术、文化研究及社会研究等范畴来看，公共空间也可以被称为"共享空间"。本书针对 3 个公共空间进行解读，包括 1 间佛堂和 2 个幼儿园，展示空间中对"木艺"的有效运用。

坐标：中国，河北

水岸佛堂
——巧木之颜

设计公司：建筑营设计工作室
建筑师：韩文强　建筑设计：姜兆　李晓明
结构设计：张富华　水电设计：郑宝伟
摄影：王宁　金伟琦
撰文：韩文强
文/编辑：高红　吴雪梦

这是一个供人参佛、静思、冥想的场所，同时也可以满足个人的生活起居。建筑的选址在一条河畔的树林下，沿着河面有一块土丘，背后是广阔的田野和零星的蔬菜大棚。设计从建筑与自然的关联入手，利用覆土的方式让建筑隐于土丘之下，并以流动的内部空间彰显自然的神性气质，塑造树、水、佛、人共存的感受力十足的场所。

为了将河畔树木完好地保留下来，建筑小心地避开了所有的树干，像分叉的树枝一样伸展在原有树林之下。依靠南北与沿河面的两条轴线，建筑内部构建了五个分隔而又连续一体的空间。五个"分叉"代表了出入、参佛、饮茶、起居、

卫浴五种不同的空间，共同构成漫步式的行为体验。建筑始终与树和自然景观保持着亲密关系：出入口正对着两棵树，人从树下经由一条狭窄的通道缓缓走入建筑之内；佛龛背墙面水，天光与树影通过佛龛顶部的天窗，沿着弧形墙面洒入室内，渲染佛祖的光辉；茶室内遍植荷花的水面完全开敞，几棵树分居左右成为庭院的一部分，创造品茶与观景的乐趣；休息室与建筑其他部分由一个竹庭院分隔，让起居活动伴随着一天时光而变化。建筑物整体覆土成为土地的延伸，成为树荫之下一座可以被使用的"山丘"。

与自然的关系进一步延伸至材料层面。建筑墙面与屋顶采用混凝土整体浇筑，一次成型。混凝土模板由3厘米宽的松木条拼合而成，自然的木纹与竖向的线性肌理被刻印在室内界面，让冰冷的混凝土材料产生柔和、温暖的感受。固定家具也是由木条板定制的，灰色的木质纹理与混凝土墙产生一些微差。室内地面采用光滑的水磨石材，表面有细细的石子纹路，将外界的自然景色映射进室内。室外地面则由白色鹅卵石浆砌而成，内外产生触感的变化。所有门窗均为实木门窗，以体现自然的材料质感。禅宗讲究顺应自然，并成为自然的一部分，这同样也是这个空间设计的追求——利用空间、结构、材料激发身体的感知，人与建筑都能在一个平常的乡村风景之中重新发现自然的魅力，与自然共生。

空间与空间之间设有小品，灰空间完美融入设计之中

跨页图： 茶室是空间的亮点所在，建筑将原有树木圈入空间，面向室外是荷花池面，创造出品茶观景的无限乐趣

右页图： 茶室设计采用玻璃材质隔离室内外空间，四季景色入眼，品茶静思。空间相互渗透流动，树木的投影落在室内有着岁月如流，珍惜当前人生的禅意

左页图：斜置的玻璃顶棚完美吸收四时景色，将光线引入佛龛，由佛龛向茶室看去，与河畔相邻

右页图：自然的木质纹理做桌椅，与混凝土的竖向肌理产生微妙差别。整个空间柔和而温暖，室内光线穿插产生佛光普照的明亮大气

内部构造与树枝相似，混凝土的竖向简单使用大气朴素，将空间视觉拉伸增加视高点

融情于景，佛像空间采用暖黄色灯光，散逸出柔和温暖的气息将茶室包容其中

各入口之间摒弃传统石墙，采用自然土丘进行隔断装饰的做法。草地覆盖整个斜面，人工与自然结合彰显和谐的佛性。取自经过自然冲刷洗礼的鹅卵石铺装入口，弘扬了东方古老文化，同时具有耐磨耐腐蚀的优点

夜间暖黄的灯光与外景产生呼应，大开大合的设计稳重而不迟滞，无不充斥着一枯一荣的佛性

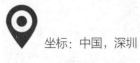

坐标：中国，深圳

IBOBI幼儿园
——触摸自然

设计团队：周婵 程枫祺
设计公司：圆道设计
摄影师：何远声 圆道设计
文/编辑：高红 杨念齐

　　深圳 IBOBI 幼儿园位于深圳蛇口鲸山别墅区内，这是深圳绿化最好的高档别墅区。设计经过环保木蜡油处理的木材作为主要材料，与周边环境相和谐，同时提供给孩子更亲近大自然的成长环境。为了室内的人能充分感受到阳光及户外景色，幼儿园的每个空间都考虑了儿童的视野及安全，并在特定的位置使用了全封闭式的落地玻璃，希望儿童能观察学习到不同天气以及植物在四季之间的变化。整个设计的面积不大，为了能突显出空间感，同时还可以满足空间功能，设计中对尺度做了详细的规划，比如大角度倾斜的墙面制造了非常简洁却有趣的空间体验；多个空间使用了玻璃的元素，有效地加强了空间感，可促进儿童与家长、儿童与老师之间的互动；而简单不规则的线条，以及大量木材在内部空间的使用，让整体空间营造出温暖、安全的氛围。互动教学系统是该项目的重要环节，内部墙面规划性留白，以供多媒体投影教学。考虑光线对投影的影响，儿童与投影墙之间的距离以及对活动空间的尺度把控巧妙。室内地面材料的选择保证儿童安全，选择了能锻炼小孩平衡力的地胶。

　　通透、温暖、安全、趣味，还有可以触摸到的大自然，每个孩子都能在这里茁壮成长。

建筑外立面采用木质横条纹板，一层有落地式封闭大窗户，让孩子们
与室外的景色有充分的视觉交流，同时也保证充足的采光。在落地窗
外面，有供孩子们娱乐玩耍的小车

空间开阔，满足孩子们不同的需求，在玩耍的同时，更能欣赏到室外的美丽
景色，青葱的树木，缓解孩子们的视觉疲劳

简单不规则的线条，大角度倾斜的墙面，增大了空间同时又给孩子们制造了非常简洁却有趣的空间体验

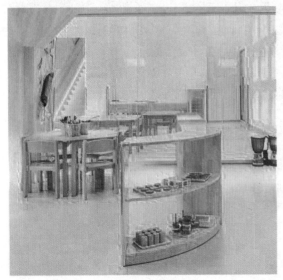

童趣的小鼓，符合儿童身高尺寸的桌椅和小架子，孩子们在这里玩耍交流，增强孩子们的动手能力

铺有彩色地毯的玩耍区域，孩子们可以光脚在上面坐着玩积木，地毯的颜色也明亮多样，刺激孩子们的视觉神经

对于孩子们来说，书架上存放的不应仅仅有图书，还可以摆放一些玩偶等，且设计师们人性化的放置了一个小梯子，供孩子们爬上书架取书本，当然，这些工具的尺寸全部按照孩子们的体型设计

暖暖的灯光和木材，充满童趣的白色和黄色的气球式吊灯，呼应了建筑的主色调

室内主要设计也使用木材，质地较软，台阶、扶手、栏杆等均按照儿童尺寸制作，更好的保护了孩子的安全

坐标：瑞典

Raa 幼儿园
——阳光乐园

建筑师：Dorte Mandrup Arkitekter
摄影师：Eugeni Pons David Romero-Uzeda
文 / 编辑：高红 代胜棋

Raa 幼儿园坐落在风景秀丽的海滩和厄勒海峡之间。这座外形令人过目难忘的建筑，被孩子们形容成"一只趴在地上休息的恐龙"，充满了童趣和仙气，美好到让人仿佛置身仙境。

幼儿园的设计灵感来自"渔夫的木屋"。全木结构的幼儿园，距大海只有 50 米，天为幕，海为邻，超大窗户，通往屋顶的台阶，仿佛把达利的画作搬入实境。

Raa 幼儿园，从孩子们的角度出发设计，环境和尺度都充分附合场地的现状条件，将木材的建筑功能发挥得淋漓尽致，创造出充满童趣和创意的形式和手法。

该项目从 2008 年开始建造，整个过程经历了很长时间，与大自然有了深入的对话。2016 年，Raa 幼儿园在 139 个入围作品中脱颖而出，获得了在建筑界影响力颇大的瑞典"木建奖"。这个奖项每四年颁发一次，旨在奖励使用木质材料建造的具有精湛工艺和优良体验的建筑。

一座小渔村的公立幼儿园"骨骼清奇"，却能完美融入环境，无言之中用自己流动的线条指引着人们的目光，去看大海，看天空，看飞鸟，看那无处不在的自然之美。

建筑立面和房顶的大窗户设计使其与大海和周围景观有了一个亲密
的接触，并为内室空间提供了理想的日光条件

左页图：将原本过于空旷的全开放式空间依照实际功能的需求，利用隔墙和橱柜进行了精细的划分，使得室内空间的使用更加高效、灵活和充满趣味

右页上图：幼儿园独特的吊灯设计，像个蜘蛛悬挂半空，既增加了光照面积，又在一定程度上发挥孩子们的想象力

右页左下图：机构内部与外部连接起来，在连接处有一个为衣柜创建的洞穴般的空间。孩子们可以在空间内自由穿梭

右页右下图："美好得超乎寻常的建筑"并不是瑞典式幼儿教育真正的法宝，从孩童时期就培养出的对大自然的熟悉与热爱，会不会才是瑞典人无穷创造力的真正源泉呢

木艺之餐厅篇

　　餐馆又叫饭馆、饭店、餐厅或食肆，是让顾客购买及享用烹调好的食物及饮料的地方。"餐馆"一词涵盖了处于不同地点及提供不同烹调风格的饮食场所。此词来源于郭沫若《恢复·怀亡友》："那时候你留守后方，在我出发的前天，你曾在一座餐馆里大开饯别的欢筵。"

　　餐馆中的装修是针对餐馆的经营项目而进行的设计，在千篇一律的经营模式已经让顾客感觉不到新意，怎么才能让新鲜的血液融入到餐馆设计中呢？怎么将木头这种元素很好地应用到餐馆的装饰艺术中呢？

　　本书针对 3 个就餐空间进行解读，展示餐馆空间中对"木艺"的有效运用。

坐标：西班牙，瓦伦西亚省

望，寿司餐厅
——日式餐厅

设计公司：Masquespacio
摄影师：David Rodríguez and Carlos Huecas.
文 / 编辑：高红 刘奕然

"望"寿司餐厅位于瓦伦西亚，整体设计涵盖了品牌设计和室内设计，整个餐厅面积为 233 平方米，室内设计紧密结合了品牌形象设计的双重表现形式。一方面，通过在大多数结构，如墙面、天花板和地面上使用的混凝土和灰色来体现理性的时代感；另一方面，通过木作、手工抛光和木制品的自然温润，诠释出古朴典雅的日式风情。

樱花可以说是日本的灵魂，是和文化的一种象征。樱花是春天的象征，是春的季语，因此，樱花对日本人自然观的折射，体现了日本文化中自然观、处世观、道德观、审美观和实用主义思想，是一个动态、多元的文化符号。樱花的随处可见性成为了设计师的灵感来源，设计师希望在餐厅可以使客人产生一种庭院之感，所以餐厅内的折纸樱花便随之产生。

整个项目的细节度和完整性都超乎想象。项目设计从品牌形象的设计开始，采用了双重表达法：西方字体表现出理性的时代感，餐厅 LOGO 日语平假名的书写方式又饱含了浓厚的日式风情。设计涵盖室内设计、灯光设计、装饰设计、家居设计以及餐厅的餐具设计、标示设计、菜单设计等全套品牌设计内容。大量运用了木材，其自然而温暖的缩略是日本建筑与街景的新诠释。

进入餐厅后首先映入眼帘的就是一个体现日本建筑与城市街景风情的木质长体量小建筑，它不仅是餐厅重要的装饰元素，也保证了空间的流动性

木作工艺是整个空间的重要元素，让人感叹日本木工工艺的精细与雅致，走廊木架上摆放精致的日本和式餐具也向人讲述什么叫"用眼球吃的料理"

整体空间的布局选用长廊式设计，吧台位于整个空间的中心位置；主用餐区的每一个位置都可以看到吧台，这样的设计是对传统路边摊的重新解读

上两图：药房、窗户、门、屋顶等要素真实地展现在人们面前，小建筑不仅是餐厅重要的装饰元素，也承担了卫生间和仓库的功能

左页上图：穿过这条走廊就到达了主用餐区，设计师希望营造出客人坐在樱花庭院的氛围

左页下左图：设计师特别注重对空间细节和元素相互呼应的把控，室内所选用的餐桌餐椅用同时呼应了木作和水泥混凝的主题

左页下右图：由餐桌椅的摆放方式可以看出一种秩序感，也反映了日本严格的饮食礼仪

这里不仅有正宗的寿司，还有天花板上的樱花折纸艺术品。整体环境古朴典雅，甚至会让人有感官上的错觉。空间内还有阶梯层次设计，使得空间的院落感更加强烈，私密用餐区拥有可移动的通透门窗木质隔断

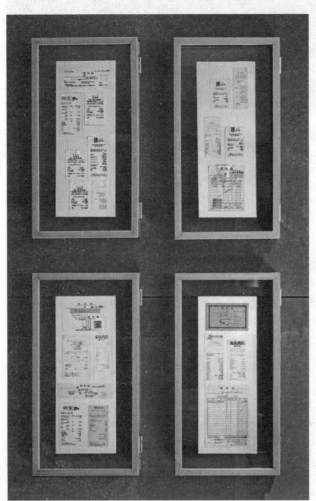

左页上图: 日本"定食"是具有仪式感的,正宗精致的寿司按照严格的规则摆放,使得用餐也变得高级

左页下图: 设计师将食材餐具的购买发票裱起挂在墙上,表明了店内食品的新鲜、自然、透明化,也同时透露着店家的自信

右页上图: 餐厅的包装设计同样延续了日本和式风格,整个包装系列大小功能齐备,整体设计选用蓝色为主体元素,清新之余还有着海洋的寓意

右页下两图: 不同于现代的成册折页式设计菜单,"望"寿司餐厅菜单为旋转式设计

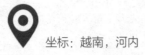

坐标：越南，河内

Cheering餐厅
——越南餐厅

设计师：H&P Architects
摄影师：Nguyen Tien Thanh
文/编辑：高红 代胜棋

　　位于河内市中心的 Cheering 餐厅是由一个长期废弃的项目翻新而来的，它保留了钢架结构和可重复利用的遮盖物，如玻璃、钢铁、钢条、钢片顶等。河内人民在人行道上的很多日常活动，尤其是从白天持续到夜晚的烹饪活动，激发了设计师们去创造一个能够唤起人们对古树印象的空间。因为在这座千年古城的大街小巷里，古树是一个人人都很熟悉的形象。

　　该餐厅焊接了所有已存在的钢铁，从而构建一个新的结构体系。在这个新体系里，内部可以引入专门的管道，并用低质木条覆盖形成了一个 40cm×40cm 的木质结构，覆盖的木质结构可以减少热带气候带来的影响。

　　在被划分成 4 部分的三维空间里，木材间彼此相互垂直堆砌，并逐渐向上延伸，形成一个"树根"，这些树根可以用于分割空间并为孩子们提供游乐场所。树根之间继续交替堆砌，形成一个稳固的框架，该框架有助于降低热量，并能通过聚碳酸酯屋顶营造各式各样的光影。屋顶的中部是空气层，它可以通过连接在雨水收集箱上的水流喷淋系统，达到自动冷却和净化的效果。

　　餐厅的设计，既突出了当地乡村建筑的特点，又在这密集的城市中心，为人们提供真正越南特色的各种美食。

大门入口处本身就是一个阳光房的概念，空间感超强，配合这自然的内景，增加高大植物配合有趣叠加的花坛箱体以及各种食材的展示架，充分体现出农庄小镇的氛围，让人过目不忘

这间 Cheering 餐厅通过这样一个包含着河内人行道烹饪文化精髓的空间，为顾客带来特有的体验，让人们更加贴近自然

Cheering 餐厅所有材料的选定都与空间性格定位和市场定位吻合，比如老木板的原生粗狂

右页上左图： 闲适自然是河内市民日常生活的主旋律，而一日三餐的烹饪又尤显重要。设计师们从中汲取灵感，搭建一个围绕古树——这座千年古城市经常见的形象为主题的空间

右页上右图： 餐厅没有把结构和表皮、天花板和墙面划出明确的界限，模糊了建筑内外的边界，最大程度地利用了景观视野，给顾客带来了与众不同的体验，以包含河内街市美食文化精髓的空间使人们更加亲近自然

右页下右图： 大树的枝丫将空间的自然感表现得意味十足

餐厅里有古老的树木，这种树木在河内这座近千年历史的古城里随处可见。一个巨大的木制棚架下面，是餐厅的就餐区；在这个大棚架下面，摆放了一张张餐桌和餐椅，设计风格独树一帜

左页上图： 在木棚中间的地方，有一个连接着雨水收集桶的喷淋系统，保证了空气的凉爽

左页下图： 在整个环型就餐区的中端，特意加重了空间的丰富性，配合璀璨的白炽灯，顶部精心设计的纯木制的手工吸风罩，让 Cheering 餐厅感觉再度升级，让顾客过目不忘

右页两图： 木棚上镂空的小格子，不仅打造出棚子的造型，同时还遮挡了火辣辣的大太阳，为顾客们提供一丝荫凉

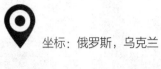

坐标：俄罗斯，乌克兰

TEPLO餐厅
——俄罗斯餐厅

设计公司：YOD Design Lab
摄影师：Andrey Bezuglov
文 / 编辑：高红 刘奕然

　　TEPLO 餐厅坐落于 Chernovola 大街 29A，"Zlatoustovsky" 商业中心。这是一家咖啡馆式的餐厅，经营定位是"家庭餐厅"式的风格概念。TEPLO 在俄语里的意思是温暖，业主希望自己的餐厅可以让周边街区的居民感到亲切，像家一样的舒适感，不需要高高在上的冰冷和优越感。

　　结合空间的构造、家具的摆放以及室内装饰灯具的风格颜色等方面，TEPLO 餐厅为人们营造一个家庭气氛浓烈的空间。空间的整体材质以木艺为主，使得暖色作为整个空间的基调。餐厅分为上下两层，空间经过了合理的划分以便规划不同类型的客人，尽可能保证各自所应拥有的私人空间。

　　既然想要打造一个家庭氛围的餐厅，那么舒适感就自然是必不可少的，餐厅内选用了现代精致的装修手法和融合自然的装修材质。大落地窗的设计也是为了尽可能保证室内光线的充足，随着阳光的进入，房间即刻就变得舒适和温暖。在保证餐厅让人觉得身心愉悦的同时，也引入了一些创意的设计，如天花板就成为了一个木艺组合的艺术呈现。TEPLO 餐厅以独特的设计概念成为了人与环境和谐共处的纽带。

木艺的装饰占据了餐厅的大量空间，柔和的色调使得整个空间更加温馨舒适，颜色纯度较低的布艺家具让人放松心神，同时又巧用撞色减去了空间的单调感

乌克兰是一个平均气温较低的区域，也可能正因为这样，乌克兰人才对温暖似乎有一种执念，餐厅选用色彩及装饰对室内进行调和，达到了"家的氛围"

天花板里的藏灯完美十足，营造了关于家庭"温暖"的舒适感受。天花板的木艺组合造型，艺术感、空间立构造型强烈

餐厅设计的优点是双层内设，其中一层建筑设有法式甜点餐台，而在玻璃幕墙隔开
的另一区域则为儿童们设置了游戏场地，灯光选用了柔和色调

左页图： 为了能让客人就餐的同时也尽可能保证彼此之间的私人空间，餐厅一部分被分割成了不同的用餐隔间
右页图： 自然光提供的温暖是不可代替的，大落地窗的布置对室内的采光起着至关重要的作用

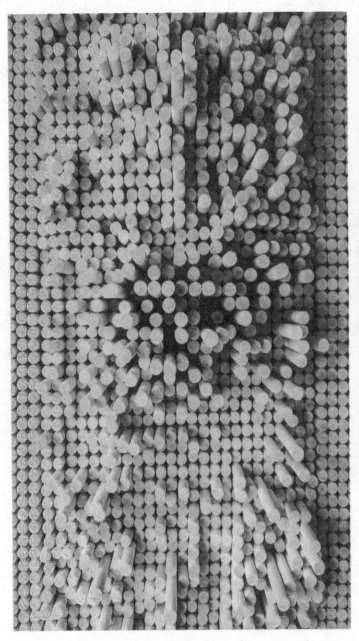

左页左图：天花板的设计采用了用秸秆装饰的方法，将天花板打造成一个掉满竖向柱状的立体造型。采用有黏合效果的材料来实现这一创意，保证了整体的效果

左页右图：酒吧设置在颜色基调相对较暗的区域，较为昏暗的灯光烘托了气氛，同时的酒吧设计也可以让客人从落地窗观赏街边风景

右页左图：整个餐厅根据空间被规划为不同的用途。为了满足商务会餐和家庭团聚等不同食客的需求，灯火设计成较昏暗神秘的色彩

右页右图：用现代冷淡风的水泥墙来进行空间分划，展示室内空间融合统一的同时也保证了用途和风格上的多样性。整个餐厅用灯光、配饰、颜色等设计出了一个温馨舒适的家庭氛围

木艺之咖啡馆篇

"咖啡"一词源自希腊语"Kaweh"，意思是"力量与热情"。喝咖啡不仅是一种消遣，也是对理想生活方式的一种追求。目前普遍认为，人类首次在非洲发现咖啡。浮士德内罗尼的《不知道睡觉的修道院》里有相关记载：埃塞俄比亚的牧羊少年发现自己的羊群吃了灌木上的红色果实之后，兴奋不已，不肯回家。他以为羊群中毒了，但是几个小时之后，羊群恢复正常。少年自己尝了一口这个果实，顿时倦意全消。他把这个发现告诉周围的人，夜晚需要长时间静修的修士们，开始把它当成日常食用的提神食品。

本书对3个咖啡店铺进行解读，更好的理解咖啡馆中木艺的运用。

坐标：越南，芽庄

越南环状咖啡屋

设计师：hiep hoa nguyen
摄影师：astudio
文 / 编辑：高红 代胜棋

　　"被拯救的环体"是位于越南芽庄乡村公路旁的一个咖啡屋。业主是当地的一个木匠，多年的工作积累了大量的边角料，他希望为这些废材赋予新的生命，以免被白白丢弃遗忘，这个咖啡屋就这样诞生了。

　　咖啡屋给人的第一眼印象便是从公路向下延伸到河岸的不寻常弧状茅草屋顶，屋顶将两种不同的材质巧妙地合为一体，柔化了下方的制成结构。一条具有异国情调的小道将客人从室外引进由环形屋顶勾勒出的内部庭院。

　　不同尺寸和形状的废材，经过重新加工调整，以满足新功能的需求。小尺寸材料被用来制成入口处的百叶窗，不仅能阻挡来自公路的热量和噪音，还是一种装饰性图案，将人们的思绪拉回多年前的古老木门。咖啡屋的主要结构利用大尺寸木材，采用传统榫卯技术构造而成，简单地说就是通过任何可能的方式，利用每片木材，避免砍伐新树木。此外，除了木材之外的石头、本地棕榈和天然植株，也让这个"被拯救的环体"充满了和谐感与本土气息。

　　利用多年存放的碎木片、打捞环是木工技术的一个亮点，用引人注目的空间，为宁静的村庄带来非凡的价值。

咖啡屋创造出了极具特色的庭院结构，与河流相连的咖啡屋为室内活动提供了平静安宁的氛围，让人们得以远离外部街道的喧嚣

左页上图: 庭院的过度热量和光照,会给人们带来不便,因此设计师利用内部花园、房顶材料和巧妙的门窗布局,有效地解决了这一问题

左页下图: 除了木材之外的石头、本地棕榈和天然植株也让这个"被拯救的环体"充满了和谐感与本土气息

右页图: 水泥、木片、钢筋直接暴露在外面,楼梯也不过是钢筋与木片的简单组合,这一大胆的设计又将人们的思绪拉回了多年前

大部分的空间结构都是由原生态木材搭建而成的，不拘泥于颜色的统一和材料尺寸的精细度，整体风格自然复古

整个咖啡馆的设计，白炽灯也是一大亮点，灯罩的制作依旧采用木头，在灯光打开的瞬间，整个咖啡馆更加安静祥和

屋顶的独特设计，使阳光的照射下的地板形成的光环很像庇护圈，庇护着这里的消费者，更加营造了平静安宁的氛围

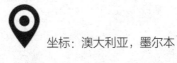

坐标：澳大利亚，墨尔本

Jury 咖啡馆

设计公司：Biasol

摄影师：玛蒂娜·金莫拉

文 / 编辑：高红 吴雪梦

Jury（尤里）咖啡馆位于墨尔本历史遗迹的青石墙内，朋特里奇村，以前是朋特里奇监狱，1997 年停止使用，现在称为朋特里奇村。设计师希望尊重监狱过去的历史，同时也希望注入新元素让顾客为之享受。

咖啡馆把温暖的木材和明亮的色彩运用在原本灰暗的空间中，在新粉刷的混凝土墙壁上用胶合板组合出色彩明快的几何图案，产生俏皮的效果，让空间从黑暗变得充满希望与乐趣。桌椅为定制，空间用绿色植物点缀，更加贴近自然，进一步软化空间。

在原来空白的混凝土空间里，加上了一些发白的木材支柱和一些胶合板家具，以及粉蜡笔画和单色的油漆画，给这里增添了一丝不一样的感觉。在咖啡馆那明亮的木质墙壁上，装饰着一些颜色淡淡的楔形分隔。咖啡馆主要采用各种原始的装修材料，比如胶合板、结构板材和混凝土等，打造出了几何图案的特色内墙。

定制的桌椅简洁大方，绿植的引入使内外空间过渡顺畅，增加空间的开阔感和层次感，达到内外空间的延伸，柔和了室内空间，使空间亲切自然

左页图：宽大明亮的窗户是白天室内的主光源，扩大空间视觉范围，达到空间的延伸效果

右页图：粉色、白色个性不强却具有亲和力与蓝色的洁净平和相搭，往往给人宁神的清新视觉享受，同时增加空间的俏皮气息

左页上图： 混凝土墙面将石材的力度和厚重感完美体现出来，给建筑空间一种粗野气氛，同时也给人一种朴实敦厚的雕塑效果

左页下图： "颠覆历史"的思路使设计更加大胆——用黑暗的青石墙壁与明亮的色彩、金色的木材产生强烈的对比

右页上图：牛皮纸的包装健康素雅，用简单的线条勾勒出产品图案的美感，装饰空间更加精致细腻

右页下图：让电灯回到最原始的美丽，通过最传统、最简单的灯心绒绳，把这种魅力表现出来。灯具放弃传统的螺旋排列样式，造型独特随意，像火焰划过的痕迹，无序却十分美妙。优雅的线条、散发着柔和的黄色光线，营造出一种轻松的氛围

坐标：中国，湖南

冉时光茶餐厅

设计师：郭准先生
设计公司：北京海岸设计
摄影师：北京海岸设计
文 / 编辑：高红 吴雪梦

冉时光茶餐厅，以归本主义为设计理念，旨在营造一个可以让灵魂与时光交织的地方，寻求城市中那一点浪漫。这里有白色的鹅卵石、无处不在的绿植、美美的花廊、浪漫的屋顶花园、暖黄的清新色调……无不透漏着大自然的清新感。让饮茶之人融化于茶的美妙与自然的节律之中，感受茶之本初的韵味。都市让我们远离了自然，冉时光可以把自然再找回来。

午后，斟一杯茶，浓香飘入脑海

唤醒疲惫的味蕾，记忆中的符号

是时光里的味道，那是一瞬间

味蕾全部开放的感觉，原木桌椅散发温暖味道

琉璃诗意的空间包裹着你

在一杯茶的时间里，尽享自然设计所带来的美感

坐在靠窗一角，任一股温热的茶香直抵脏腑

色香味斑斓，犹如雨后彩虹

回味清香不绝，欲走还留

阳光，清风，绿茶

以及安静的心，此情此景

你只需静静的品茶冥想，放慢脚步

和自己的心灵来一场交谈，时光一晃而逝

离开冉时光茶餐厅，将思绪收回

或许，一杯茶的时刻

原来是能够品尝一辈子

由绳子吊绑的方形空间，是供闺蜜好友围坐一起聊天的绝佳场所

左页图: 半包围藤椅像是鸟巢一样, 围合出私密空间, 用来洽谈聊天最适合不过

右页左图: 空间略去了表面繁琐的装饰, 由暖黄灯光加以渲染, 自然色彩赋予空间个性的表达, 诠释着别样的美意。线条或柔美或直接的座椅设计感十足

右页右图: 花枝从上而下的繁茂垂落, 与木质墙壁相呼应, 暖黄色的灯光映射下, 熠熠生辉

在冉时光，大到桌椅，小到花饰，再到点点的灯饰，设计匠心无处不在。
每一件物品都是设计师的巧思体现

麻线编制的座椅古朴气息浓厚，仿佛置身于自然之中阅览

几种座椅在材质上大胆的跨出传统的调性，用艺术装饰来形成新的视觉刺激

皮质沙发与木质桌面是最经典有气质的搭配。地面做了一步抬高，将空间层次
进一步扩展。造型精致的灯具审美很是独到

化学试管组构的灯具有序中充满学术气息，灯光的照射下剔透轻盈，上方花艺穿插丰富体感和视觉

根据空间的色调精心构思和布置，装饰出了与环境相协调的绿色氛围

水晶灯、琉璃灯营造温馨和谐的气氛，让美食的情调与周围的环境完美结合

金属与水晶的完美结合，灯具也是软装的点睛之笔

左页左图： 弯曲自然的木头被设计成置物架，垂挂在店里的一角，一盏盏明灯点亮空间
左页右图： 皮箱与铁艺是最好的搭配，干花是最好的伴侣
右页图： 整体色调偏暗却又质感十足，空间线条简洁，纵深感极强

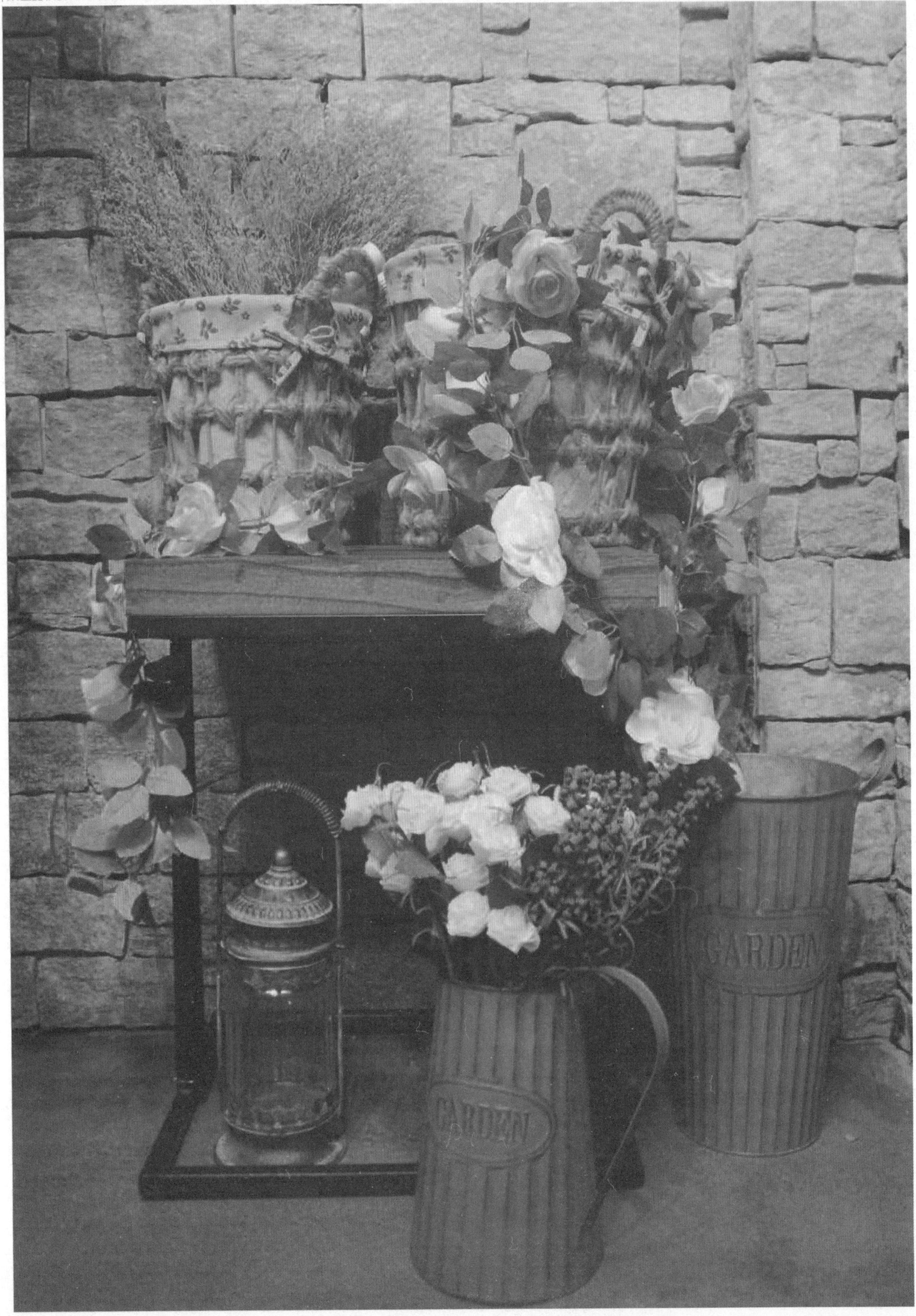
GARDEN
GARDEN

左页图： 裸砖墙、干花、木桌、铁具，这样的组合是完美的配搭
右页左图： 设计师非常善于运用花材来凸显个性，一个小小的角落，似乎都是一幅美丽的画
右页右图： 复古皮箱堆叠在一角，白色的烛台与褐色的皮箱搭配起来，复古味十足

木艺之装置艺术篇

装置艺术，是指艺术家在特定的时空环境里，将人类日常生活中的已消费或未消费过的物质文化实体、进行艺术性地有效选择、利用、改造、组合，以令其演绎出新的展示个体或群体丰富的精神文化意蕴的艺术形态。简单地讲，装置艺术就是"场地 + 材料 + 情感"的综合展示艺术，它不受艺术门类的限制，自由地综合使用绘画、雕塑、建筑、音乐、戏剧、诗歌、散文、电影、电视、录音、录像、摄影等任何能够使用的手段。可以说装置艺术是一种开放的艺术手段。装置艺术是一个能使观众置身其中的、三度空间的"环境"，这种"环境"包括室内和室外，是人们生活经验的延伸。

这里将 12 个木艺装置艺术展现给读者，充分展现艺术之美。

占地面积：85 平方米
表面积：105 平方米
模块数量：151 块
尺寸：11.5×9.5 米

在原本空旷单调的小型休憩广场，巧妙设计形成了一个即是景观又是休憩场所的构筑物。设计感十足的外观与大学生的欣欣向荣的气息辉映。桦木的材质又与有着渊博历史的校园相融。创造出一幅和谐的景象

坐标：德国，斯图加特

未来世界
——斯图加特仿生构筑物

设计团队：Institut für Computerbasiertes Entwerfen (ICD) － Prof. Achim Menges
Institut für Tragkonstruktionen und Konstruktives Entwerfen (ITKE) － Prof. Jan Knippers
文 / 编辑：高红 杨念齐

自古至今，人类通过仿生学逐渐改变着这个世界，大到声呐、雷达，小到身上穿的速干衣服。那未来的世界又会是怎样的呢？未来的建筑又是怎样的呢？

斯图加特大学的数字化设计学院和建筑结构设计学院联合设计一直致力于仿生学和数字化融合的建筑创作。设计团队与图宾根大学的生物学家开展跨学科合作，以沙海胆为原型，通过生物结构转化原则，以及木结构及纺织技术的运用的营造方式完成最终创作。基于对生物性构造原则和材料特性的考虑，建筑结构沿用了沙海胆的双层结构系统。超薄木条的肌理方向和排布方式与不同曲度所需的刚度相对应，并在预制过程中完成了相应的弯曲变形。自动化缝纫技术在此刻介入，缝制出 151 个各不相同的双层曲面单元体。鉴于曲面结构的特性，板块的交接节点只需考虑面内张力和剪力的传递。齿状咬合接头和类似海胆纤维连接物的系带连接结构也应运而生。纺织技术在结合处的运用让建筑无需任何附加的金属制成结构便可独立存在。这个高达 9.3 米，覆盖 85 平方米的建筑总质约 780千克，即每平方米的结构质量仅有 7.85 千克。

这样一个未来感十足的构筑物，却又因为桦木和纺织技术在校园里显得如此和谐，它由学生提供了一个半隐私的空间，供他们休息。几道阶梯穿过这个半开放的结构体，成为了可供休息的台阶座椅，而面对广场的一侧则完全打开，保证良好的视野，趣味性和科技感十足。跨学科的合作不仅带来了这个轻巧精致的建筑，同时也对木建筑的空间品质和构造手段做出了探讨和尝试。

这个蓬状结构的最大亮点在于分段式木板仿生结构与自动化纺织技术的结合。微弯的双层桦木板以沙海胆结构形态为原型，而自主研发的缝合技术将大大减轻木质结构体的整体质量，让分段式木板组合而成的壳状结构的性能发挥至最大

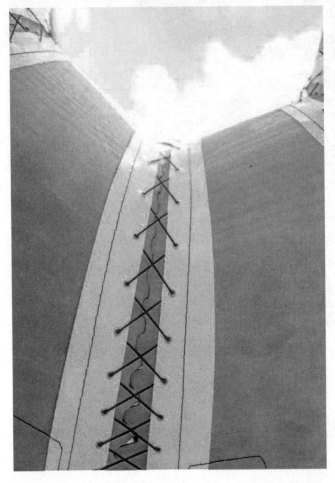

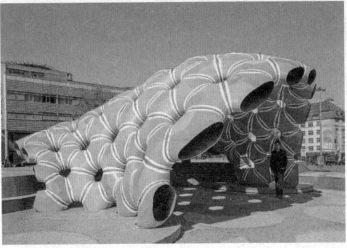

左页上图： 几道阶梯穿过这个半开放的结构体，成为了可供休息的台阶座椅。构筑物的孔洞提供了合适的自然光线，而整体又能达到基础的遮蔽作用

左页下左图： 从这个细部构造图我们可以更真切地感受到纺织技术和拼接技术的运用。通过锯齿状的咬合口进行拼接，像系鞋带一样的在拼接处纺织，达到了双层保险的效果

左页下右图： 模拟沙海胆生物结构的构筑物与学校场地现状融合，形成了一个半私密的休憩空间。面向广场方向开敞，保证了良好的视野

选用的每一块拼接材料都是人工细密计算的结果，每一块都有相应的编号，根据编号相互拼接，达到设计的目的

齿状咬合接头是构筑物的精髓，这样的设计更适合拼接和纺织技术的应用

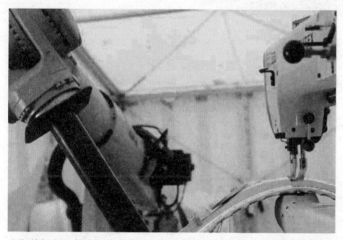

木条的切割、组合、弯曲和单元体的缝合过程由一台自动化机器设备和一台台式缝纫机包揽。缝合技术不仅能将单个木条组合成板块，也杜绝了潜在的脱胶现象

经过缝合的曲面单元体已经可以看出木质材料优良的延展性和柔韧性。每个独立个体经过编号可以散落放置，经过拼接和纺织技术，就可以快速组装使用

木材对机械化操作、纺织技术和多元材料接头有着极高的适应性。细密的"线脚"对于超薄多层夹板极其有效，甚至无需黏合过程中的大型压机或复杂的模架

制作好的单元个体，在预先的设计和编号后，便可以直接组装，像 3D 拼图一样有趣又简单。根据预设，两两通过留下的线孔交织连接，结实牢固

海胆的骨架是一个模块化系统的钙碳酸盐板块所加入的微观连锁预测沿板边，类似于人的手指关节

坐标：德国，斯图加特

科技与木材
——Landesgartenschau 展厅

设计师：ICD/ITKE/IIGS University of Stuttgart
摄影：Courtesy of ICD/ITKE/IIGS University of Stuttgart JamesNebelsick、Roland Halbe
文 / 编辑：高红 杨念齐

木材是最古老的建筑材料之一，木制为主材料的建筑往往都给人一种宁静、复古、与大自然融为一体的感觉。当现代科技、机械自动化和木材相碰撞，又会创造出一个什么样的建筑呢？

德国斯图加特大学创作的 Landesgartenschau 展览厅给了这样一个建筑全新的定义：计算式设计，仿生式结构，采用机器人精度制造与建造的木材展览馆。新的机器人制造过程与计算设计、模拟和测量方法的结合，提供了全新的设计可能性和应用领域。Landesgartenschau 展览馆的结构系统非常复杂，不小的体量之中，每块木板的厚度仅5厘米，整个建造只使用了当地12立方米木的山榉木。此外，全新的结构体系和快速建造也为木材这种古老的材料带来了更多的可能性。

Landesgartenschau 展厅通过建筑的整体几何划分为两个单独的空间区域：入口空间和主要的展览空间。在这两个区域的板结构是圆顶形状的凸多边形组成的板块。一个由凹多边形板鞍形空间的收缩外壳被定义为一个中间空间或过渡区。游客进入建筑的下部区域和引导穿过结构缩小到6米高的主要空间大玻璃，立面开口对着周围的风景。内部特征不仅通过其全球几何，尤其是胶合板板块和可见的手指关节连接。几何凸、凹多边形之间的梯度板强调了空间安排。源自于几何的建设原则分化的生物系统仍然可见，成为建筑体验的一部分。

整个展厅不仅提高了资源的利用效率，也使建筑变得更有表现力。

仿生轻量级设计，与人工建筑相比较，天然生物结构表现出更高程度的形态分化。这种区别形式和结构的关键方面在于性能和资源效率，通过更多的形式实现更少的材料

坐落在绿色植被环绕的花园中，与周围的树木花朵相映成趣，像只小动物般趴在草地里。建筑材料取之于自然，又融合于自然，与周围的美丽景色相辅相成，毫无违和感

这是展厅建筑建好后内部的效果图，可以清晰看到板材拼接的缝隙，从内部看，六边形的板材与膜结构的形状相似，人站在窗户边，可以大约看出建筑的大小及高度。巨大的半圆形窗户，映衬着窗外的美丽景色

这些都是用于展厅外围护结构设计的 50 毫米厚的木夹板、是展厅设计的原材料、机器人的工作便是将这个木夹板按照相应程序切割成需要的形状。由于是可再生资源，该设计也体现出了绿色生态的理念

智能机器人正在用工具雕刻出木夹板边缘的凹槽，用以和其他木夹板固定在一起，通过智能机器人操作，数据更加精确

这些都是木夹板在表面的边缘一圈，木夹板均做凹陷处理，多层木夹板更加节省材料，有效地利用了能源

工作人员正在用工具对木夹板的边缘进行更加细致地处理，或者修复机器人出现的误差

工作人员在施工现场从内部拼接智能机器人切割出的木夹板，创新的建筑材料，高超的计算机技术，都使得这个展厅的建筑结构相当稳固

工作人员在施工现场从建筑外部对拼接好的木夹板进行固定操作，使其更加稳固。

建筑施工时，需要不同高度的架子来对其进行固定，同时也方便工作人员从内部进行板材的拼接；而外部，工作人员站在塔吊机上对外部拼接好的板材进行固定

雏形初现，工作人员要对外表皮进行贴膜处理，并用泡木块进行固定，等木夹板固定完全之后，再将其拆除

坐标：中国，北京

时尚与木材
——保利珠宝展厅

业主：北京保利国际拍卖有限公司
建筑师：陶磊
项目合伙人：康伯州
摄影：陶磊建筑事务所
文 / 编辑：高红 林梓琪

古语有云："一首之饰，盈千金之价。"

保利珠宝展厅设计旨在环境风格上表达与众不同的自然与人文气息，打造高端高品质的私人定制、稀缺性强的展示空间，同时也为文化的交流和产品的推广提供个性化平台。展厅从自然形态中吸取灵感，创造出时尚与先锋的艺术氛围。在空间布局上创造性地利用连贯的非线性内衬，很好地将展示与服务性空间相结合。两种空间互为内外，里应外合，形成了一个多变的极简空间，也满足了对自然光线和人工光源的不同需求。

为了营造出更具人文特色的珠宝展示效果，主体选用了纯实木为建造主体，素雅、纯静、与自然和谐。它将原始森林的气息带入现代都市，色泽天然，纹理清楚美观，保持了松木的天然本色的同时镶嵌少量的金属与透明亚克力，与珠宝的工艺形成一种默契。"沦涟冰彩动，荡漾瑞光铺。迥夜星同贯，清秋岸不枯。"这样的珠宝，需要的是朴素的背景来反衬；珠宝同朴素的原木背景相结合，两种不同质感的强烈对比下，珠宝更加绚丽多彩。为了使视觉效果更加明显，展示的光线设计也是煞费苦心。整个展厅自然宁静又时尚高雅，给人非一般的艺术体验。

光线和阴影使室内产生一种独特的韵味和感觉，物体的视觉特征也丰富起来，粗糙的木材表面也变得异常柔和

室内装饰简洁，色彩单纯，以木材本色为主。木材的曲线是最好的装饰，给了松木板流动的
柔和之美

右页上图： 使用金属质感的雕塑作为摆设。雕塑作为三维空间的实体，在实木的环境中凸显出时代特有的风采

右页下图： 门的设计和周围浑然一体，和谐统一。有规律的松木板简洁而不单调，横条的木材排列给人视觉上的拉伸感

坐标：日本，和歌山县

森林茶馆
——The teahouse in Forest 2012

设计师：広谷纯弘 + 石田有作 / Archivision Hirotani 工作室 + 东京理科大学块体系研究小组
摄影：Archivision Hirotani Studio Higurashi Yuuichi
文 / 编辑：高红 林梓琪

　　森林茶馆在纯生态森林中，以全木材打造，以最简洁的形式呈现出来，天然形态浑然天成，创造出全新的韵味。

　　茶室延续了日本的传统，用最小的地方来招待客人饮茶。茶室将日本建筑中的精髓——清雅天趣发挥到了极致。由于禅宗倡导"寂灭无为"的生活哲理，茶室自然也以素淡萧索为样风，自然天成。室内外色彩质朴淡雅，从天花板到地板都为纯净的本色。光线从茶室看似粗陋的窗户肆意漫洒，给人温馨的感受。为表现互相的美感，茶室的外观和内部的构造都力求"不对称"，这也是具有禅宗色彩的道教理想的体现。道教和禅的哲学强调追求完美的过程远远超过强调完美本身，并认为真正的美只能通过从精神上的完善中得到，有意避免用对称来表达完美与重复。茶室，也在避免重复。这也体现了禅宗里"无常"的思想。在无限变化的时空中，所有人事间的交会都是一种绝无仅有的特殊存在，犹为茶道所讲的"一期一会"。让我们安静的低下头来，暂时远离世间的喧嚣沸腾，享受回到母体般的安宁。

　　当你走进茶室，抬头，见到一朵花，阳光洒在花瓣上，那是一种无须言语就可以感受的禅意。

在极简的空间里，细节的变化极其丰富而复杂。墙面木材不同的排列方式制造的的光影，通过简单与复杂的对立统一，为人们在虚饰繁杂的都市生活中创造出一片自然的天地

左页图： 和室的设计源自传统的日式住宅，它的地板、支柱、壁面和门的大小都有固定的比例。家具较少，方便移动，能随时改变其用途。地面、墙壁、天花板使用天然材料，让人有回归自然的亲切感

右页上左图： 木材的累积罗列，相同的排列方式，在人工的摆搭中得到生的气息，生动而富有活力

右页上右图： 原木，哪怕存在的瑕疵都是最自然、最有美感的。自然的纹理是无法复制的美。名牌小巧，连带字体也透着自然的气息

右页下图： 天花板穿插的木材在墙壁投影，茶室中的永恒仅存在于精神之中，具体到这个简单的环境中，便是用自己精美的微光来美化周围的一切

坐标：日本，和歌山县

森林茶馆
——The teahouse in Forest 2013

设计师：Hirotani Yoshihiro 石田勇作 /Hirotani Studio 东京科技大学区块系统研讨会

摄 影：Higurashi Yuuichi

文 / 编辑：高红 林梓琪

光线透过几何形的原木镂空，粼粼光斑碎了一地。阳光、原木、露珠；东主、宾客共饮一杯茶，仿若一首隽永的俳句，在寂静与安详中诞生了这个贴近自然的建筑。

茶室由许多块雪松木安装而成。相较于钢筋结构的冰冷，这个完全木制的建筑，这个可以组装和拆卸的移动式茶室，以一种温暖谦逊的方式打动你。在最小的空间放茶时，那从一块块的间隙中泄漏出来的光线是最令人印象深刻的画面，这种光影效果的灵感来源于穿过茂密的雪松木林落下斑斑光点创造出梦幻般的瞬间时的景象。整个建筑没有传统意义上的窗户，采光都是通过搭建木材之间的缝隙，这样的线性缝隙让光线从高处洒落到底部空间，让整个室内都被自然光线包容，营造出了一个空灵飘渺的环境氛围。

"飞石以步幅而点，茶室据荒原野处。松风笑看落叶无数，茶客有无道缘未知。蹲踞以洗心，守关以坐忘。禅茶同趣，天人合一。"小巧精致，清雅素洁；不用点缀花卉，不用浓丽色彩，为的是体现日本茶道中所讲的"和、寂、清、静"和所追求的"侘"美和"寂"美。"谨敬清寂"为茶道精神，千利休只改动了一个字，以"和敬清寂"四字为宗旨，简洁而内涵丰富。在这个 5.82 平方米极简精湛的空间内，表现出深远之境，给人以温暖空灵之感，是人与自然和谐共融之地。

大隐隐于市，在繁华嘈杂的城市中，既融于城市城市的
氛围，又可以达到一种相对独立的空间感受

一朵花儿能让土墙熠熠生辉，
一杯简单的茶足以摄人心魄，
守着一方茶室，将茶会变成一种修行，
品味一杯质朴的茶汤
享受这片刻欢愉宁静，
任时光在一杯杯茶汤中逝去。

左页图: 外表并不显眼，内部却另有一番天地，桌子、凳子、圆柱体和长方体的几何构造，更是带来一种极简视觉上的放松

右页左图: 为了模仿深山幽谷的气氛，使茶室表现出山村茅舍的特点，茶室选用各种自然材料，并注意充分利用材料的自然属性，通过木材的质感、肌理以及不同的编结组合方式来达到丰富细部处理的目的

右页右图: 木材规律的几何排列样式，简单自然。木构件处理成素面，纹理清晰，色泽柔和，光线从缝隙中透出，深远绵长

坐标：中国，北京

身体力行
——七个木结构空间构筑物

项目执行：中央美术学院建筑学院第十工作室

指导教师：傅袆 韩涛 韩文强

设计团队：陈建盛 梁言 莫奈欣 王婧璇 王铁棠 于佳涵 张艺

项目施工：北京南森木结构工程有限公司

赞助方：北京南森木结构工程有限公司

文/编辑：高红 林梓琪

身体力行是一次关于空间建构的教学实验，来自中央美术学院建筑学院第十工作室。空间建构指结构构件三向受力，中间不放柱子，用特殊结构解决的空间。

课题要求每个学生通过参与一个具有围护要求的小型构筑物从概念设计到实施建造的全过程，以结构的方式塑造空间，用材料和节点来表达结构，营造空间氛围而获得身体感知。对于长期处在于国内传统的设计方法和设计过程的学生来说，这种新设计方法带来颠覆性的的冲击。而在冥想中无意识地进入一种失重的创作状态，探索空间之梦——手工感和现场感、物质性与体验性、浸润式教学与体悟式训练，这些都是教学中希望实验的内容。这样的设计的空间给人不一样的感受和体验，同时带给学生们更深层面的创新教学体验，通过精细的分解组合，各种几何图形构成变化层次丰富，具有特殊视觉品质的空间。在灵感出现并超出个人意志的珍贵瞬间，使这些作品变成艺术的花朵。学生们需要通过新的设计教育，需要在大量的创作中探索成长之路。

最终完成的七个构筑物，在充分利用木结构与材料特性的基础上，产生出个性化的形态特征。

积微书屋

由几个简单的单元木构件的重复积累构成最终的建筑体量，为社区提
供读书、交流之地

同坐

重复产生的美，一种规律性的、有周期的、终而复始的设计
在可以更好的利用空间的同时享受生活

同坐由单元插接而成，关注人和植物
的相处方式

方与圆结合拼插的立体感和各异的花卉突破空间的条
框，达到和谐自然的目的

雾林

雾林通过对隐居生活所描述的深山雾林的现象进行一个抽象的转译，把它抽离出来放到城市里作为一个非日常体验的空间城市碎片，意在让人能够在快节奏的城市生活中停下脚步来，获得心灵上的"隐居"。通过排列创造的美感和"以自然为本"的崭新生态设计观，使这个作品中木材没有了它本身的沉重感，悬挂空中给人更多的是一种轻松的安然

源涧舍

左页图： 观赏开放风景为主的设计，这种自然景观的欣赏是设计的本意，没有什么画面比得上自然风景，遵循"少即是多"的设计理念

右页两图： 注重景观建筑的双重作用——观赏景点和观赏场所

折叠屋

左页上图：折叠屋将 9 平方米拆分为 10 个单体并重新组合，意在做一个灵活的社区活动微中心，以创造的最大张力满足不同的使用需求和活动场景，通过改变盒子的疏密重新定义人与人、人与物的关系

左页下图：10 个单体木架根据功能可以排列成另一种模式

障碍物

聚焦身体与空间的关系。这个超越常规的极窄长的木屋具有带领人暂时逃离集体无意识状态的潜能。狭长的通道给人自然而然的压迫感，但色彩，材料和镂空解决了这个问题，给人一种遗世独立的感觉

木材排列乱中有序，整齐而不失趣味性，单一的材料创造出不同的视觉效果

室内装饰简洁，色彩单纯，以木材本色为主。木材的曲线是最好的装饰，
给了松木板流动的柔和之美

织 山

利用绳子和木条编织成一座山。面对当代工业化的标准型材，通过延续传统
的编织手法，形成褶皱化的有机形态空间，将东方传统编织中经纬度重新置换

色彩教程
COURSE

　　色彩是设计作品给人的第一感觉，配色中非常微妙的差异会形成截然不同的视觉效果。色彩还需要结合造型，恰到好处的结合能够强化造型的寓意，并解释图像的表现力，烘托出意欲表达的特有的情感氛围。色彩还要与材质相配合才能恰如其分地传递信息。对于软装设计来说，色彩是较难把握的部分。正因为难，所以色彩的相关知识值得专门摘选出来单独攻克。

　　本节的内容将作为一个连续的版块，分批分节地讲述色彩。选取 10 个空间进行色彩的解读。以期帮助设计师熟悉色彩、了解色彩、把握色彩的兼性，融汇色彩的规律，最终能得心应手地使用色彩。

　　原木色就是没有经过添加的自然颜色的本身，最大的特点就是保持木质本色的特性，自然清新。浅原木色看起来干净整洁，带有日式的清淡温馨风格。在现代的生活中原木色被大量的使用，因为原木色这种未经过处理的特性可以带给人们一种安全、环保的生活状态，无化学污染，符合了现代都市人崇尚大自然的心理需求。它带有为天然的色彩和纹理，是人造环境中联系人和自然之间最为合适的纽带。

色彩轻松搭 ——原木色的运用

色彩轻松搭
——原木色的运用

文/编辑：高红 刘奕然

配色关键字：

和式

本空间色彩组合：原木色、蛋壳白、浅灰

原木色是取自然之颜色，天生就给人一种舒适清爽的感觉，而白色则是原木色的绝配，两者组合到一起，为空间增添了无限的温馨气息。空间选用大量原木色作为过渡和隔断，使整体简约自然。再以同风格的摆设加以装饰，展现了一个清新淡雅的和式空间。

| R:180 G:134 B:107 | R: 216 G:174 B:136 | R:248 G:244 B:230 | R: 192 G:198 B:201 | R: 71 G:74 B:77 |

原木色应用于公共空间，大量的浅色填充凸显了强烈的现代感，让整个环境变得通透明亮。家具上的原木色和室内的绿植遥相呼应，浅灰和米陀反而成了空间的"深色"代表，彼此完美调配，免除视觉疲劳，带来审美愉悦。作为室内软装的一种颜色，无论在怎样的环境下都可与空间完美融合。

配色关键字：

清新

本空间色彩组合：浅原木色、白色、浅灰、米陀

| R: 220 G:221 B:221 | R: 254 G:224 B:200 | R: 232 G:57 B:41 | R: 136 G:109 B:102 | R: 85 G:71 B:56 |

配色关键字：

古朴

本空间色彩组合：原木色、砖红色、土黄色

整个空间还原了最自然的生活状态，用真正的原木树干组成墙壁、地面以及门框，用无规律砌起的低级砖瓦、墙面和未精加工的石质洗手池来装饰空间，一切都回归到最为古朴的生活状态。在这里，原木色掌握着绝对主权，让人造空间回归自然的怀抱。

R:112
G:44
B:7

R:169
G:109
B:57

R:214
G:198
B:175

R:94
G:59
B:57

实木大长桌加上黑铁艺椅，完美重现了现代美式风格，桌子规整的造型和椅子系列的摆放为整个空间营造出了一种整齐的仪式感，原木色加之具有棱角的现代风格造型，给人厚重感和质感。室内多选用深色进行空间颜色搭配，并用浅白色作为灯具与天花板进行层次分割，加以现代极简风的装修手法，打造出了一处美式摩登的空间。

配色关键字：

摩登

本空间色彩组合：原木色、黑色、咖啡色、白色

R:218
G:183
B:155

R:146
G:117
B:109

R:159
G:111
B:85

R:12
G:12
B:10

配色关键字：

淡雅

本空间色彩组合：实木色、蛋壳白、黑灰

空间色彩起伏较小，墙上的水墨色艺术作品作为空间中的唯一重色。整体室内用同一个颜色进行造型、构成、位置上的变化而构建的，也正是因为这一特性才营造出这样一个清新淡雅的空间。

R:189
G:158
B:129

R:157
G:137
B:108

R:251
G:250
B:245

R:89
G:88
B:87

这个空间设计秉承着"少就是多，简洁就是丰富"的设计理念，空间内的原木家具餐桌椅在色彩单调的大环境中轻易成为亮点，同时因为原木色本身的特性，为空间带来了清新自然的感觉，与从室外自然景象和谐统一，深色的窗帘也为素雅单调的空间添加了一丝厚重。

配色关键字：

简约

本空间色彩组合：原木色、
浅灰白色、黑灰

R:196
G:167
B:133

R:193
G:183
B:171

R:218
G:218
B:218

R:85
G:85
B:85

配色关键字：

立异

本空间色彩组合：原木色、白色、黑色、墨绿

大胆并具有突破性的设计让人眼前一亮，原木与白色锯齿形对接设计是整个空间最大的亮点，地面的设计风格同样延续到了天花板。吧台主体选用白色大理石结合黑色铁艺高脚椅，空间内的墨绿花纹壁纸是吸睛之处，整体设计前卫大胆，标新立异。

R:186 G:135 B:78　　R:198 G:161 B:106　　R:81 G:63 B:51　　R:205 G:196 B:191　　R:93 G:125 B:105

一说起原木色人们最先想起的就是自然和环保，原木色能够让人密切感受到与大自然之间的联系。这个空间是一个开放式的厨房，原木色的家装几乎占据了所有的空间，隐约中弥漫的原木香气，让人倍感舒适、轻松。没有天花板的设计是一处亮点，裸露的砖体、木质的架构与规整的橱柜、金属质的橱具，营造一种强烈的视觉冲突感。木质与金属、自然与人造、原始与现代，蕴含着一种空间张力。

配色关键字：

环保

本空间色彩组合： 原木色、白色、银灰

R:206 G:177 B:147	R:169 G:128 B:96	R:170 G:79 B:55	R:152 G:142 B:141	R:123 G:98 B:76

配色关键字：

返璞归真

本空间色彩组合：原木色、白色、土灰色、藏蓝

运用现代精致的装修手法来还原乡村田园风格是整个空间的特点。值得一提的是用碎木屑拼贴的原木墙，创意十足且不乏工艺性的同时，也有环保的概念融合其中，并且运用大地色系的窗帘和藏蓝地毯对空间的色彩搭配进行调整。去掉外在的装饰，恢复原来的质朴状态，正是返璞归真的概念所在。

R:140
G:100
B:80

R:200
G:194
B:190

R:178
G:140
B:110

R:15
G:35
B:80

这是一个风格交错的环境，给小朋友准备的双人床和仿古建筑的棚顶，还有未来感十足的 LED 灯柱加半透明纹理墙壁，带给人自然感受的同时又新鲜感十足，红色的懒人沙发给整个环境注入一丝活力。

配色关键字：

交融

本空间色彩组合：原木色、半透明、白色、红色

R:195
G:135
B:67

R:168
G:111
B:76

R:183
G:40
B:46

R:234
G:244
B:252

编辑推荐
RECOMMEND

爱木之语
陶醉的"木之书"
奇居良品家居体验馆

爱木之语

在品味的时光里遇见真爱，用格调的方式相知，不经意间留下柔软的回忆。木质的餐具源于自然，健康耐用，只待精细打磨，恪守匠心。

这里选取4位设计师所设计的木质厨房用具进行展示，这些用具纯手工制作，从细节处就可知技艺的精湛。

CRAFT
厨房的艺术品

设计师：Simon Legald
设计公司：NORMANN COPENHAGEN
文 / 编辑：高红

丹麦设计师 Simon Legald 为诺尔曼哥本哈根设计了一系列厨房用具，供人们日常使用。
用具皆由质量上乘的天然材料手工制作而成。

整个系列是由坚固的橡木和大理石制成的，这些器皿具有经典的外观和恰到好处的重量，
使用舒适。

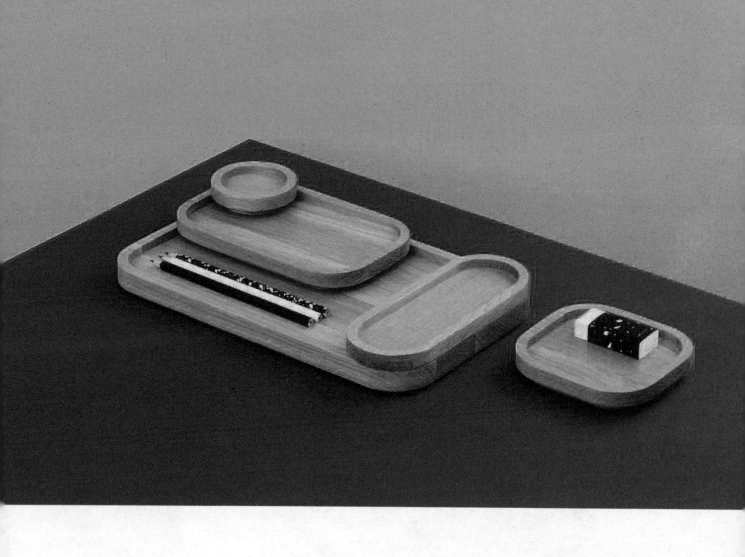

ASTRO
橡木托盘

设计师：Nestor Campos
设计公司：NORMANN COPENHAGEN
文 / 编辑：高红

　　西班牙设计师 Nestor Campos 创造了一系列的橡木托盘，共有五种不同的尺寸。托盘可以用不同的方式组合和堆放。每一个托盘都有其独特的形状，使这个系列的视觉力动感十足。

　　坚固的橡木使木制的托盘经久耐用，而来自木材的暖色调则为实用的设计增添了一种自然的外观。在桌子上用它们来存放办公用品，在卧室里存放珠宝，在起居室里放置创造的小饰品，或者在厨房里储存油、药草和香料等，用处广泛。

BUTERO
木质黄油刀

设计师：Shane Schneck
售卖品牌：smaller objects
文 / 编辑：高红

瑞典的黄油刀几乎总是用木头做的。天然材料的质地可以轻易地在面包片上涂抹，材质没有任何味道，而且有一种固有的抗菌品质。

尺寸：17cm×4.5cm×2.5cm

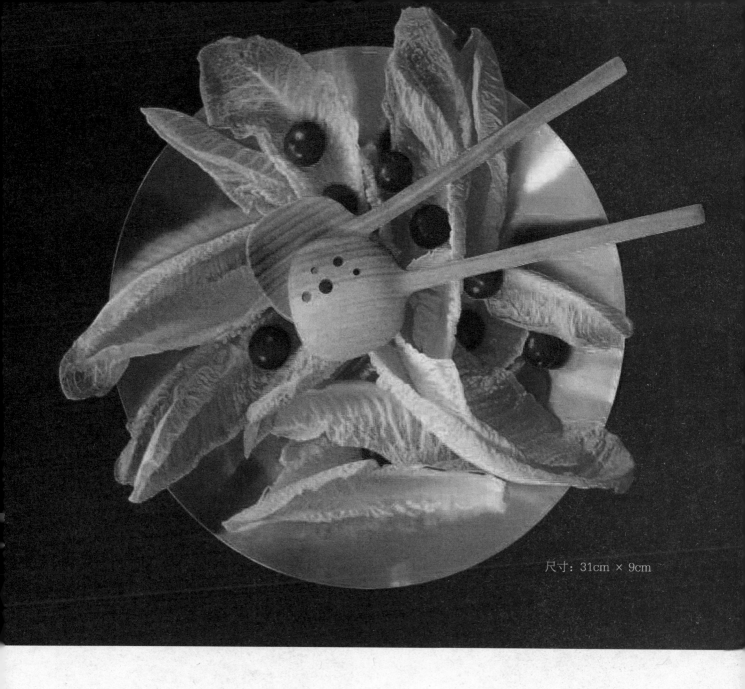

尺寸: 31cm × 9cm

INSALATA
木质沙拉勺

设计师: Claesson Koivisto Rune
售卖品牌: smaller objects
文 / 编辑: 高红

这款木质沙拉勺被称为"uchiwa",中文意为"团扇",由纸和竹子制成,让人联想到银杏叶的独特而美丽的形状。uchiwa 是这组沙拉器皿的灵感来源。

沙拉的勺子比普通的勺子更大一些,木头添加了一种纹理,可以防止沙拉从手柄中滑落。为了增加额外的功能,其中一个勺子钻了一些洞,让多余的水可以落下来。

>>> **3.2**

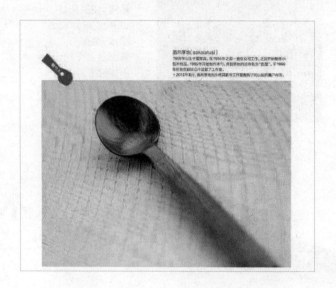

陶醉的"木之书"

这里推荐四本与木艺相关的书籍，分别为《木艺建筑——创意木结构》《微木工——手感小物轻松做》《日之器：纯手工木餐具》《私家庭院——花木艺术》。它们在网店和实体店都颇受广大读者喜爱。

作者姓名：李丽 编著
出版社名称：江苏凤凰科学技术出版社
ISBN:978-7-5537-5439-0
语种：中英文
价格：308.00 元
装帧：精装
版次：1
出版时间：2016.1
开本：16 开
页数：304 页

《木艺建筑
——创意木结构》

编辑推荐

这是一本高码洋精装建筑画册。内容集合 39 个世界的创新木结构建筑，分为木材在建筑外立面或屋顶的应用、木材在建筑结构和空间上应用的案例、木材在建筑室内应用的案例、实验类小型木建筑的案例、创意木结构装置五章。新型木构建筑已不仅仅局限于对传统材料和技术的认同，而是在诉求环保、资源可持续发展的同时，更关注人性和生活品质，关注地域文化传统的传承。所谓老树开新花，在先进技术和科学理念的支持下，木构建筑正步入全新创作天地。全书围绕一个不变的中心"新"字，配合精美的图片、细节分析图，拆析这些木建筑的创新应用点。对木材在建筑上的表现力进行剖析和解读，力求引发大家对创新性应用建筑木材的关注和重视，对设计师今后的设计实践起到一定的借鉴作用。书中案例大多为中小型建筑，对尚处于学习阶段的设计专业学生来说

具有一定的参考价值。

作者介绍

李丽，大连民族大学副教授，一级注册建筑师，天津大学建筑系工学学士，西安建筑科技大学建筑系工学硕士，2010年 12 月天津大学建筑学院在职博士。主持完成省、市级科研项目多项，并参与完成国家自然科学基金项目。发表期刊、会议论文多篇，出版专业译著 3 部，另有 2 部学术专著（合著）在出版中。

内容简介

随着对木材物理性能认识的深入，以及新型木构件技术的发展，当代木构建筑已远远脱离传统木建筑形象，突破传统的纯木框架或梁柱体系，取而代之的是以鲜明的结构特征、严谨的结构逻辑和丰富多样的结构形式，在建筑结构和空间上寻求应用创新和变化。以木材作为建筑结构，空间形式更为灵活，节点处理手法更为多样化，结构关系表达也更为清晰。

《微木工
——手感小物轻松做》

编辑推荐

这是一本易懂的不插电家庭木作基础书，有着超详细的木作步骤图解，案例实用，贴近生活，是一本可以和孩子们一起玩的手工木作书籍。

打破人们对木作繁重的单一理解，以制造生活美学为初衷的创作理念，只用简单的线锯、小刀、砂纸做出非常有趣的家具小物件。让手作走进人们的生活，从生活的点滴制作中，感受木作手工的乐趣。书中的案例都是日常生活中使用率很高的物品，简约而实用，花一下午的时间，自己做个收纳盒或是一套餐具，在不经意中流露出质朴自然的生活态度。大部分 2~5 个小时就可以做出成品，非常适合木工初学者制作。让你不出家门即可学会的木作基础，和家人一起体验手作的快乐，其超可爱的手绘讲解，详细易懂又更添质感。

作者介绍

沈洁，平面设计师，手工达人，对生活中的一切都充满好奇，爱旅行，爱分享；通过手中的画笔绘出一张张充满回忆的明信片。2011 年成立"沈小姐的店"工作室，不定期举办各种各样的手工活动，希望与大家面对面分享与手工有关的方方面面。著有《手刻橡皮章物语》《羊毛毡温暖手作》《手缝皮革小杂货》等手工类图书。2016 年成立"芥沫生活研究所"，将亲近自然的生活美学理念分享给更多人。

周科，职业摄影师，擅长用手中的镜头记录城市的变迁，展示光影下的建筑之美。2011 年举办个人摄影展"寻找城市的灵魂——大连老建筑摄影展"。在摄影的同时，也坚持独立的版画创作。2013 年成立周科版画工作室，创作的版画作品有《大连印画》系列、《搜神记》系列、《熊孩子机器人大战》系列、《小小电车》系列。出版图书《手刻橡皮章物语》，书中充满版画风格的橡皮章作品深受读者喜爱。

内容简介

这是一本易懂的不插电家庭木作基础书！一把线锯、一支手刀、几片砂纸，远离粉尘与噪音，让你轻松变成小木匠！针对初级热爱木作想做木作的木工指导书；案例为不用大型木工工具的小型案例，坐在那里就能做。根据不同的制作步骤，详细地列出每一步所需要的工具及使用方法。

ISBN: 978-7-5537-7301-8
定价: 39.80 元
作者: 沈洁，周科
出版时间: 2016.10
出版社: 江苏凤凰科学技术出版社
开本: 16 开
装帧: 平装
版次: 4
页数: 112 页

《日之器：纯手工木餐具》

ISBN: 978-7-5542-1332-2
定价: 48.00 元
作者: 西川荣明
作者国别: 日本
出版时间: 2016.6
出版社: 中原农民出版社有限公司
译者: 邢强
开本: 24 开
装帧: 平装
版次: 1
页数: 159 页

编辑推荐

一本介绍木餐具制作的图书。原版书制作精良，在日本极受欢迎，重印多次。本书是修订版，内容更为完善，所载的 30 位木作名匠，均是日本有代表性的木餐具制作从业者。收录的 350 件作品，基本上涵盖了家用木餐具的全部作品。

作者介绍

西川荣明，1969 年出生于日本爱知县。以前一直在公司工作，1994 年后开始制作小型木制品；1995 年开始制作木勺，并将自己的店命名为"匙屋"；1999 年，在东京都国立市开设工作室，并致力于推广从森林到作品的"木育"活动。

内容简介

30 位木餐具手工制作名匠、350 件代表性作品全收录。介绍了名匠的设计思路，以及作品制作的精髓，方便读者找寻独创的灵感。设计了 9 个"试着做做吧"版块，由名匠亲手教你一步步动手操作。书中也收录了这些名匠及其店铺的联系信息，方便读者进一步沟通学习。

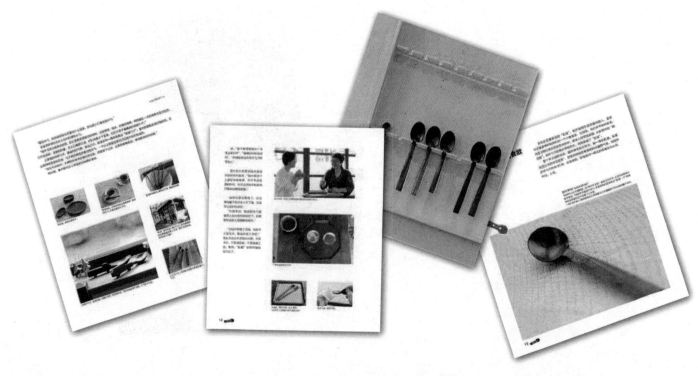

《私家庭院——花木艺术》

编辑推荐

27 个精品庭院设计案例各具特色，配有完整的平面图，从功能和美学角度解析庭院设计，可参考性极强。本书为庭院设计师搭建了一个交流的平台，为庭院业主提供了丰富的参考实例。设计师解读庭际植物景观的设计始末和注意事项，具有实际的指导意义。

作者介绍

天津凤凰空间文化传媒有限公司，是一家专业从事建筑类图书策划的文化机构，分别在北京、上海、天津和广州设有事业部，人员超百人。编辑成员大都是在建筑类图书领域打拼多年、有着丰富经验的专业图书人。本书由天津凤凰空间天津事业部采编组稿。

内容简介

书中收录了 27 个国内外的庭院设计案例，既有恢宏华贵的豪庭，美丽大方、功能齐备的居家庭院，又有简单利落不乏温馨的小院。书中的每一个案例都从庭院的空间规划、创意设计、庭院植物景观三个方面进行剖析，充分展示了庭院设计师敏锐的观察里和独到的设计语言。

由多次获得《美好家园》园艺设计大赛奖项的优雅庭院设计师 Sarah 为读者解读如何营造完美的庭院植物景观，从植物的习性到姿态，从庭院远景到庭院近景，为读者讲述庭院植物景观设计的方方面面。

作者：凤凰空间·天津
出版社：江苏凤凰科学出版社
ISBN: 978-7-5537-1174-4
出版时间：2016.2
印刷时间：2013.6.1
开本：12 开
纸张：胶版纸
包装：平装

奇居良品家居体验馆

　　为广大读者推荐店铺自然不可马虎，小编先在网上进行了详细调查和筛选，最终锁定了"奇居良品"。该店产品不仅设计感十足，价位也十分合适。别看只是网店，线下也是拥有百人以上的实体企业。小编亲自去了上海的实体店进行实地考察，对每个产品都进行了深度了解。每个产品的背后都是设计师辛苦汗水的结晶，从设计到材料的选择都严格把控，力求将产品完美地展现给顾客。

奇居良品家居体验馆——复古篇

达人说

品牌创始人：杜定川

奇居良品创立于2009年，推崇以人为本的设计理念，围绕人文艺术，融合现代潮流设计元素，打造实用的高品质整体软装产品系列。奇居良品产品涵盖七大软装风格，7000多款家居单品，10000平米的现货仓储，我们通过专业的软装设计服务团队，为客户提供专业的软装设计服务和产品解决方案，致力于成为一站式服务的人文艺术整体家居品牌。

法式白桦木雕花双人床　33418 元 ▼

产品介绍： 欧洲进口实木雕花，层次分明，典雅别致法式古典气息被充分展现出来，尽显贵族风范。细节的精美给人强烈的视觉效果以及追求品质生活的渴望。整体造型设计雍容华贵，加以进口榉木材质和绒布面料包扣、配以手工雕花和环保油漆上漆，更凸显产品品质。进口绿色绒布料高贵优雅，独特的包扣造型设计，精美的纹理装饰，使得产品更加别致。工艺采用做旧工艺，保留了本色本身的质感和肌理，让家具凸显品质感。

新中式金色玄关斗柜　9298 元 ▲

产品介绍： 自然木纹配以中式手工描花，华丽大方的轮廓和细腻的表面，凸显产品的传统美感，低调却不失优雅，雕花纹理的金属拉手彰显做旧工艺，小巧精致光泽细腻，散发着艺术的气息。主体榉木实木配以 E1 环保板制成，品牌油漆手工描花，复古做旧工艺凸显商品品质感。将斗柜放置在玄关处可以使得家中整体时尚大气，根据当今潮流家居风格设计，做工精致，品质感佳，承载了人们对美好生活的憧憬和期盼。

美式风 PU 皮床前榻　998 元 ▲

产品介绍： 这款商品用高质量环保密度板为框架搭配木线条和聚氰胺（PU）制作，配以具有复古风格的铆钉元素，商品工艺细致，凳底采用塑料材质，优美的曲线弧度，不仅具有美观性，同时兼具结实稳重作用，承重好。而内部空间即使是小巧的换鞋凳，也赋予了它储物的功能，方便实用，材质融合欧陆古老工艺技法和现代工业科技，营造典雅悠游的空间表情。或惊喜粗犷，或光亮或暗哑，或现代或古朴，既休闲又有档次。

玛丽安方格软包双人床　7980 元 ▼

产品介绍： 这款商品体现了北欧家具的一贯风格，整体时尚简约，做工细致，品质感好。床背正版采用棉麻包布加高回弹海绵填充，床体的横档和框架为松木制作。床板为实木，多层板布艺软包、桦木床脚制作，木质坚韧，承重力好，美观而不失稳固作用。床身支架采用松木打造，结实耐用，造型简约大方，承重好。床背采用棉麻包布加高回弹海绵填充，舒适度好。北欧风也是越来越受到人们的追捧，简单、干净，给人一种宁静的感觉，也体现了现代人所崇尚的生活态度。

康斯达镂空门厅柜　3798 元 ▲
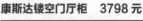

产品介绍： 采用实木的主体设计，搭配细腻的色彩，凸显品质感。表面配以做旧工艺，突显优雅韵味，康斯达系列家具，有着大的内部空间，方便实用。采用进口环板加实木支架配以环保油漆和玻璃材质制作而成结合手工镂空花纹工艺，更加提高家具的艺术性和观赏性，而实木制作的家具，造型传承了经典的直角设计，也彰显了现代美式的简单与不一般的潮流风格。

美式西娅拉蓝色布艺沙发　7998 元 ▲

产品介绍：沉稳时尚的造型，朴素自然的色调，
装扮出一幅经典永驻的生活空间，生活中点滴都
弥漫这浓郁的优雅气息。简约时尚的抱枕感受家
的温馨与舒适，采用海绵填充，手感舒适，弹性好，
享受每一刻的轻松与惬意。椅脚采用桦木材质，
质地细密，韧性好，丰满的造型，结实稳固的同
时又不失美观，主体腰枕采用海绵填充，涤纶布
艺包裹，沙发采用加拿大进口松木框架，配以拉
簧、绷带、胶合板拼合，整体美观时尚，为你的
生活增光添彩。

法式布艺豹纹双人床　31658 元 ▲

产品介绍：法式新古典是由欧洲进口白榉木材质
制作，整体华丽典雅，法式经典的复古造型，做
工精致，品质感佳，结合纯手工雕花工艺技术，
布料配以品牌环保油漆。精选面料打造的靠背，
柔软舒服，配以布艺包裹和纯铜手工打造的铆钉，
法式情怀得到了诠释。高靠背的设计，精细的线
条做工，豹纹布艺靠背突野性的美。精湛工艺，
古典风格的雕花艺术，加以原木色彩，华美古典

汉尼顿牛皮箱子边几　6998元 🔺

产品介绍： 造型传承了美式复古设计，抽屉的设计井条有序。铆钉元素的细小搭配，增添了复古韵味，矩形底座摆放稳固，另有金属的加锁形成安全密封箱体。设计皮质融合古老工艺技法和现代工业科技，营造典雅的空间表情，铆钉元素进一步修饰，而不显俗气，细节给人一种视觉享受效果以及追求品质生活的渴望。

中式云轩手绘描花玄关柜　4998元 🔺

产品介绍： 方格的优雅，整体手绘描画，图案传递着中国古典浓郁风情，整体品质感强。多抽屉的设计能够合理的整理物品，配以复古式拉手设计，精巧而细腻，采用上等杨木材质，柜底结实稳重，承重好。整体时尚兼具中国风经典的复古造型，做工精致，品质感佳，承载了人们对大气的古典中式怀旧生活的憧憬和期盼。